HRSG. URS IMMAT

AUTO-KENNZEICHEN

DEUTSCHLAND & EUROPA

MOBIL
IN DEUTSCHLAND e.V.

HRSG. URS IMMAT

AUTO-KENNZEICHEN

DEUTSCHLAND & EUROPA

MIT GROSSEM FAMILIEN-QUIZ

HEEL

HEEL Verlag GmbH
Gut Pottscheidt
53639 Königswinter
Telefon 0 22 23 / 92 30-0
Telefax 0 22 23 / 92 30 26
Mail: info@heel-verlag.de
Internet: www.heel-verlag.de

Herausgeber: Urs Immat

Verantwortlich für den Inhalt: Alexandra Steiner
Redaktionelle Mitarbeit: Hannah Kwella, Janina Kasimir

Lektorat: Jürgen Schlegelmilch

Bildnachweis:
DIGITALstock/Jockelfin (B; WE); DIGITALstock/vobelina (HRO); DIGITALstock/Imago (C); Fotograf Wilfried Hildebrandt, 31787 Hameln, Breiter Weg 43 (HM); DIGITALstock/M. Berg (HH); Dietlinde Heider (MTK); Fotolia (Bad); DIGITALstock/L. Bendig (KO; UL); Peter Herzog (Z); DIGITALstock/J. Schade (GS; HB); Fotolia (FN); Michael Sondermann (BN); Wikipedia/Kramer96 (SM); DIGITALstock/B. Kröger (WI); DIGITALstock/F. Aumüller (S); DIGITALstock/Z. Dragic (BI); DIGITALstock/Opherden (FL); DIGITALstock/ProfotoXL (K); Fotolia (SB; MS; EMD); DIGITALstock/Clearlens (MZ); PICTURE ALLIANCE (CB; D; HAL);
Abbildungen Nummernschilder: Alexandra Steiner

Lithographie, Satz und Gestaltung: F5 Mediengestaltung, Ralf Kolmsee, Bonn

Printed in Slovenia
ISBN: 978-3-95843-698-5

Inhalt

Einleitung

Viele Eltern kennen die Frage: „Woher kommt denn das Auto mit dem Kennzeichen HF her?" Ob kurze Fahrten zur Schule oder zum Einkauf, oder längere Urlaubsreisen, im Straßenverkehr trifft man jederzeit auf Fahrzeuge aus anderen Regionen oder Ländern.

Nicht nur für die Kleinen ist es spannend herauszufinden, woher die Autos kommen, auch Erwachsene lernen spielend welche Kennzeichenkürzel für welche deutsche Region oder Stadt stehen.

Dieser praktische Ratgeber, der hier in überarbeiteter Ausgabe vorliegt, hilft Ihnen dabei: In alphabetischer Reihenfolge finden Sie alle deutschen Kennzeichen und ihre Zulassungsbezirke. Sie erfahren Wissenswertes über den Aufbau und die Bedeutung von Sonderkennzeichen. Und falls Sie mal zwischendrin Pause machen, werden zu über 50 deutschen Städten jeweils beliebte Sehenswürdigkeiten aufgeführt. Und das ist noch nicht alles: Mit diesem Ratgeber lässt sich die genaue Herkunft von Fahrzeugen aus über 40 europäischen Staaten bestimmen. Ausführlicher werden dabei die Autokennzeichen unserer deutschsprachigen Nachbarn Österreich und Schweiz unter die Lupe genommen – und auch hier finden Sie zu allen großen Städten wichtige Sehenswürdigkeiten.

Eine Liste der weltweiten Länderkennungen ist ebenfalls in diesem Buch enthalten, und damit auch richtig gerätselt werden kann, gibt es am Ende des Buches ein Quiz für echte Ratefüchse!

Wir wünschen Ihnen eine gute Reise und eine fröhliche und sichere Fahrt!

Autokennzeichen in Deutschland (D)

Deutsche Autokennzeichen beginnen mit einem sogenannten Unterscheidungszeichen, das sich aus ein bis drei Buchstaben zusammensetzt und in abgekürzter Form den Ort bzw. Landkreis angibt, in dem der Wagen gemeldet ist. Die Anzahl der Buchstaben richtete sich ursprünglich nach der Einwohnerzahl der jeweiligen Stadt. Die größten Städte erhielten dabei nur einen Buchstaben. Deshalb lautet das Kennzeichen für die Stadt München **M**, da sie die größte Stadt in Deutschland ist, deren Name mit diesem Buchstaben beginnt.

Nach dem Unterscheidungszeichen – bei älteren Kennzeichen durch einen Strich abgetrennt – folgt eine Erkennungsnummer, die aus weiteren ein bis zwei Buchstaben und bis zu vier Ziffern besteht. Früher wurden die Erkennungsnummern fortlaufend vergeben. Heutzutage können jedoch auch Wunschkennzeichen in beliebiger Folge zugeteilt werden. Außerdem ist es möglich, bei einem Wohnsitzwechsel sein Kennzeichen mit in den neuen Zulassungsbezirk zu nehmen.

Aktuelle EU-Kennzeichen haben am linken Schildrand ein blaues Band mit dem Sternenkreis der Europäischen Union, darunter befindet sich der Buchstabe **D** als Länderkennzeichen.

Sonderkennzeichen:
Kennzeichen mit grüner Schrift werden für steuerbefreite Fahrzeuge, z. B. Traktoren oder Fahrzeuge gemeinnütziger Organisationen, vergeben. Nummernschilder mit roter Schrift bestehen aus dem Zulassungskürzel und einer unmittelbar folgenden Ziffernkombination, die mit **06** beginnt. Sie können nur noch von Kfz-Betrieben oder Autohändlern für Probe- und Überführungsfahrten beantragt werden.

Privatpersonen können sogenannte Kurzzeit-Zulassungen zur Überführung von Fahrzeugen nutzen. Sie gelten maximal fünf Tage, der Ablaufzeitpunkt ist in einem gelben Feld am rechten Rand des Nummernschildes vermerkt. Das Kennzeichen enthält das Unterscheidungszeichen des Zulassungsbezirks, gefolgt von einer Erkennungsnummer, die mit **03** oder **04** beginnt.

Ausfuhrkennzeichen haben einen roten Farbstreifen am rechten Schildrand. Man sieht sie an Fahrzeugen, die vom Fahrzeughalter ins Ausland exportiert werden. Die Zahlen im roten Farbfeld geben an, wie lange für den Wagen in Deutschland ein Versicherungsschutz besteht – er also im Inland gefahren werden darf.

Saisonkennzeichen finden sich an Fahrzeugen, die nur zu einer bestimmten Jahreszeit genutzt werden, etwa Wohnmobile. Zwei durch einen waagerechten Strich getrennte Monatszahlen geben die Zeitspanne an, in der das Fahrzeug gefahren werden darf.

Oldtimerkennzeichen schließen rechts nach dem Ziffernblock mit einem **H** ab. Das Mindestalter des Fahrzeugs beträgt 30 Jahre. Für historische Automobile können auch rote Wechselkennzeichen beantragt werden, bei denen auf das normale Ortskürzel eine mit **07** beginnende Ziffernkombination folgt. Diese Kennzeichen gelten nur für Probe- und Überführungsfahrten bzw. für die Teilnahme an Oldtimerveranstaltungen.

Noch bis vor wenigen Jahren wurden für Behördenfahrzeuge der Kreis- und Stadtverwaltungen bzw. der Polizei und Feuerwehr spezielle Kennzeichen vergeben: Nach Angabe des Zulassungsbezirks folgte unmittelbar eine Zahlenkombination (z.B. M-31882). Seit März 2007 werden die neu in den Verkehr gebrachten Dienst- und Einsatzfahrzeuge der Behörden mit ganz normalen, regionalen Kennzeichen versehen.

Auf den Nummernschildern der Fahrzeuge von Landes- bzw. Bundesbehörden findet sich meist keine Buchstabenkombination, die auf einen bestimmten Meldeort schließen lässt. Spezielle Codes verraten hier die Funktion und Herkunft der Fahrzeuge.

AD, AF, HK Privatfahrzeuge der US-Streitkräfte
Dienstfahrzeuge Bund:
BD Bundestag, Bundesrat, Bundespräsidialamt
BG (alt), **BP** Bundesgrenzschutz, Bundespolizei
BW Wasser- und Schifffahrtsverwaltung des Bundes
THW Technisches Hilfswerk

0 Diplomatisches Korps
0-1 Bundespräsident
0-2 Bundeskanzler
0-3 Außenminister
1-1 Bundestagspräsident
X Bundeswehrfahrzeuge der NATO-Hauptquartiere
Y Bundeswehr

Dienstfahrzeuge Länder:

B Senat/Abgeordnetenhaus Berlin
BBL Landesregierung/Landtag Brandenburg
BWL Landesregierung/Landtag Baden-Württemberg
BYL Landesregierung/Landtag Bayern
HB Senat/Bürgerschaft Hansestadt Bremen
HEL Landesregierung/Landtag Hessen
HH Senat/Bürgerschaft Hansestadt Hamburg
LSA Landesregierung/Landtag Sachsen-Anhalt
LSN Landesregierung/Landtag Sachsen
MVL Landesregierung/Landtag Mecklenburg-Vorpommern
NL Landesregierung/Landtag Niedersachsen
NRW Landesregierung/Landtag Nordrhein-Westfalen
RPL Landesregierung/Landtag Rheinland-Pfalz
SAL Landesregierung/Landtag Saarland
SH Landesregierung/Landtag Schleswig-Holstein
THL Landesregierung/Landtag Thüringen

Alphabetische Auflistung deutscher Kennzeichen

In der nachfolgenden Liste finden sich die in Deutschland vergebenen Autokennzeichen. Die in Rot gedruckten Buchstabenkürzel entsprechen den Bezeichnungen der Zulassungsbezirke auf dem Nummernschild; diese Bezirke stehen in der Regel für kreisfreie Städte oder Landkreise mit Kreisstädten als Sitz der Kreisverwaltungen.

Hinweis: Wiederzugelassene „alte" Kennzeichen sind wie folgt zu erkennen: Der Eintrag **AE** Auerbach → **V** bedeutet, dass im Zulassungsbezirk Vogtlandkreis alternativ auch das alte Kennzeichen wieder ausgegeben werden kann.

Mit Sternchen versehene Einträge bedeuten, dass im jeweiligen Zulassungsbezirk die Einführung von Altkennzeichen abgelehnt wurde. Die noch existierenden Kennzeichen laufen mit der Stilllegung des Fahrzeugs ab und werden nicht neu vergeben. Beispiel: **TT*** (Tettnang) → **FN**

A Augsburg

Landkreis/Kreisfreie Stadt: Augsburg
Bundesland: Bayern
Sehenswürdigkeiten: Zu den größten Attraktionen gehört das von Elias Holl erbaute Augsburger Rathaus (1615-1620) im Stil des Frühbarock, das Brechthaus, die berühmte Fuggerei, der Dom Unsere Liebe Frau und die Basilika St. Ulrich und Afra, die zusammen als die bedeutendsten Kirchenbauten der Stadt gelten, das Bayerische Textil- und Industriemuseum, das Jüdische Kulturmuseum, das Römische Museum, das Maximilianmuseum, der Wittelsbacher Park/Stadtgarten und der Augsburger Zoo.
www.augsburg.de

AA Ostalbkreis

Landkreis; Kreisstadt: Aalen
Bundesland: Baden-Württemberg

AB Aschaffenburg

Landkreis/Kreisfreie Stadt: Aschaffenburg
Bundesland: Bayern

ABG Altenburger-Land

Landkreis; Kreisstadt: Altenburg
Bundesland: Thüringen

ABI Anhalt-Bitterfeld

Landkreis; Kreisstadt: Köthen
Bundesland: Sachsen-Anhalt

AC Aachen

Landkreis/Kreisfreie Stadt: Aachen
Bundesland: Nordrhein-Westfalen
Sehenswürdigkeiten: Der zum

UNESCO-Welterbe gehörende Aachener Dom, das historische Rathaus, die Burg Frankenberg, das Grashaus, das Haus Löwenstein, das Marschiertor, der Elisenbrunnen, das Ludwig Forum für Internationale Kunst, das Couven-Museum und die Carolus-Thermen stellen die beliebtesten Touristenattraktionen der Stadt dar.
www.aachen.de

AE Auerbach → **V**
AH Ahaus → **BOR**
AIB Bad Aibling → **RO**

AIC Aichach-Friedberg
Landkreis; Kreisstadt: Aichach
Bundesland: Bayern

AK Altenkirchen (Westerwald)
Landkreis; Kreisstadt: Altenkirchen
Bundesland: Rheinland-Pfalz

AL* (Altena) → **MK**
ALF Alfeld → **HI**
ALS* (Alsfeld) → **VB**
ALZ Alzenau → **AB**

AM Amberg
Kreisfreie Stadt: Amberg
Bundesland: Bayern

AN Ansbach
Landkreis/Kreisfreie Stadt: Ansbach
Bundesland: Bayern

ANA Annaberg → **ERZ**
ANG Angermünde → **UM**
ANK (Anklam) → **VG**

AÖ Altötting
Landkreis; Kreisstadt: Altötting
Bundesland: Bayern

AP Weimarer-Land
Landkreis; Kreisstadt: Apolda
Bundesland: Thüringen

APD* (Apolda) → **AP**
ARN Arnstadt → **IK**
ART Artern → **KYF**

AS Amberg-Sulzbach
Landkreis; Kreisstadt: Amberg (→ AM)
Bundesland: Bayern

ASD* (Aschaffendorf-Hümmling) → **EL**
ASL Aschersleben → **SLK**
ASZ Aue-Schwarzenberg → **ERZ**
AT (Altentreptow) → **DM**
AU Aue → **ASZ**

AUR Aurich
Landkreis; Kreisstadt: Aurich
Bundesland: Niedersachsen

AW Ahrweiler
Landkreis; Kreisstadt: Bad Neuenahr-Ahrweiler
Bundesland: Rheinland-Pfalz

AZ Alzey-Worms
Landkreis; Kreisstadt: Alzey
Bundesland: Rheinland-Pfalz

AZE Anhalt-Zerbst → **ABI**

B Berlin (Hauptstadt)
Stadtstaat/Bundesland: Berlin
Sehenswürdigkeiten: In der deutschen Hauptstadt zieht es die Besucher vor allem zum Brandenburger Tor, zum Reichstag, zum evangelischen Berliner Dom, zur Siegessäule, zur Kaiser-Wilhelm-Gedächtniskirche, zur Staatsoper, zum Kurfürstendamm, Alexanderplatz, Potsdamer Platz, den Hackeschen Höfen, zum Holocaust-Mahnmal, zum Mauermuseum (Checkpoint Charlie), zur Museumsinsel, zur Gemäldegalerie im Kulturforum, in das In-Stadtviertel Prenzlauer Berg und zum Zoologischen Garten. www.berlin.de

BA Bamberg
Landkreis/Kreisfreie Stadt: Bamberg
Bundesland: Bayern

BAD Baden-Baden
Kreisfreie Stadt: Baden-Baden
Bundesland: Baden-Württemberg

BAR Barnim
Landkreis; Kreisstadt: Eberswalde
Bundesland: Brandenburg

BB Böblingen
Landkreis; Kreisstadt: Böblingen
Bundesland: Baden-Württemberg

BBG Bernburg → **SLK**

BC Biberach (Riß)
Landkreis; Kreisstadt: Biberach
Bundesland: Baden-Württemberg

BCH Buchen, Neckar-Odenwald-Kreis → **MOS**
BE Beckum → **WAF**
BED Brand-Erbisdorf → **FG**
BEI* (Beilngries) → **EI**
BEL* (Belzig) → **PM**
BER Bernau → **BAR**
BF Burgsteinfurt → **ST**
BGD Berchtesgarden → **BGL**

BGL Berchtesgadener Land
Landkreis; Kreisstadt: Bad Reichenhall
Bundesland: Bayern

BH Bühl → **RA**

BI Bielefeld
Kreisfreie Stadt: Bielefeld
Bundesland: Nordrhein-Westfalen
Sehenswürdigkeiten: Das Alte und das Neue Rathaus, die Sparrenburg, die Ravensberger Spinnerei, die Altstädter Nicolaikirche, die Neustädter Marienkirche und die Kunsthalle sind bei einem Aufenthalt in der Stadt einen Besuch wert.
www.bielefeld.de

BID Biedenkopf → **MR**
BIN Bingen → **MZ**

BIR Birkenfeld (Nahe)
Landkreis; Kreisstadt: Birkenfeld
Bundesland: Rheinland-Pfalz

BIT Bitburg-Prüm
Landkreis; Kreisstadt: Bitburg
Bundesland: Rheinland-Pfalz

BIW Bischofswerda → **BZ**
BK Backnang Baden-Württemberg → **WN**

BKS Bernkastel-Kues → **WIL**

BL Zollernalbkreis
Landkreis; Kreisstadt: Balingen
Bundesland: Baden-Württemberg

BLB Bad-Berleburg → **SI**

BLK Burgenlandkreis
Landkreis; Kreisstadt: Naumburg
Bundesland: Sachsen-Anhalt

BM Rhein-Erft-Kreis
Landkreis; Kreisstadt: Bergheim
Bundesland: Nordrhein-Westfalen

BN Bonn
Kreisfreie Stadt: Bonn
Bundesland: Nordrhein-Westfalen
Sehenswürdigkeiten: In Bonn gibt es zahlreiche Sehenswürdigkeiten, z. B. das Alte Rathaus, das Kurfürstliche Schloss, das gleichzeitig das Hauptgebäude der Universität ist, das Poppelsdorfer Schloss, das Bonner Münster im romanischen Stil, die Kirche St. Cyprian, die Bundeskunsthalle, das August-Macke-Haus und das Beethoven-Haus.
www.bonn.de

BNA Borna → **L**

BO Bochum
Kreisfreie Stadt: Bochum
Bundesland: Nordrhein-Westfalen
Sehenswürdigkeiten: In dieser Stadt im Zentrum des mittleren Ruhrgebiets stellen das Rathaus, die Wasserburg Haus Kemnade, die Pauluskirche, die Propsteikirche St. Peter und Paul, die Christuskirche, die Kunstsammlung, das Deutsche Bergbau-Museum,

das Museum Bochum und das Planetarium die wichtigsten Touristenattraktionen dar.
www.bochum.de

BÖ Bördekreis
Landkreis; Kreisstadt: Haldensleben
Bundesland: Sachsen-Anhalt

BÖ Bördekreis → **BK**
BOG* (Bogen) → **SR**
BOH Bocholt → **BOR**

BOR Borken
Landkreis; Kreisstadt: Borken
Bundesland: Nordrhein-Westfalen

BOT Bottrop
Kreisfreie Stadt: Bottrop
Bundesland: Nordrhein-Westfalen

BR* (Bruchsal) → **KA**

BRA Wesermarsch
Landkreis; Kreisstadt: Brake
Bundesland: Niedersachsen

BRB Brandenburg (Havel)
Kreisfreie Stadt: Brandenburg
Bundesland: Brandenburg

BRG Burg bei Magdeburg → **JL**
BRI* (Brilon) → **HSK**
BRK Bad Brückenau → **KG**
BRL Braunlage → **GS**
BRV Bremervörde → **ROW**

BS Braunschweig
Kreisfreie Stadt: Braunschweig
Bundesland: Niedersachsen
Sehenswürdigkeiten: In der zweitgrößten Stadt Niedersachsens lohnen sich unter anderem ein Besuch des Altstadtrathauses, der Burg Dankwarderode, des Braunschweiger Doms, der Kirche St. Andreas, des Eisenbahnmuseums und des Herzog-Anton-Ulrich-Museums.
www.braunschweig.de

BSB (Bersenbrück) → **OS**
BSK Beeskow → **LOS**

BT Bayreuth
Landkreis/Kreisfreie Stadt: Bayreuth
Bundesland: Bayern

BTF Bitterfeld-Wolfen → **ABI**
BU* (Burgdorf) → **H**
BÜD Büdingen → **FB**
BÜR Büren → **PB**

BÜS Büsingen (Hochrhein)
Gemeinde: Büsingen
Landkreis: Konstanz (→ KN)
Bundesland: Baden-Württemberg

BÜZ Bützow → **LRO**
BUL Burglengenfeld / Schwandorf → **SAD**

BZ Bautzen
Landkreis; Kreisstadt: Bautzen
Bundesland: Sachsen

BZA* (Bergzabern) → **SÜW**

C Chemnitz
Kreisfreie Stadt: Chemnitz
Bundesland: Sachsen
Sehenswürdigkeiten: Roter Turm, Stadtkirche St. Jakobi, Schlosskirche, Opernhaus, Industriemuseum, Museum für sächsische Fahrzeuge, Versteinerter Wald und Karl-Marx-Monument sind nur ein paar Anhaltspunkte, die einen Besuch in Chemnitz zum Erlebnis machen.
www.chemnitz.de

CA Calau → **OSL**
CAS Castrop-Rauxel → **RE**

CB Cottbus
Kreisfreie Stadt: Cottbus
Bundesland: Brandenburg

CE Celle
Landkreis; Kreisstadt: Celle
Bundesland: Niedersachsen

CHA Cham
Landkreis; Kreisstadt: Cham
Bundesland: Bayern

CLP Cloppenburg
Landkreis; Kreisstadt: Cloppenburg
Bundesland: Niedersachsen

CLZ Clausthal-Zellerfeld → **GS**

CO Coburg
Landkreis/Kreisfreie Stadt: Coburg
Bundesland: Bayern

COC Cochem-Zell
Landkreis; Kreisstadt: Cochem
Bundesland: Rheinland-Pfalz

COE Coesfeld
Landkreis; Kreisstadt: Coesfeld
Bundesland: Nordrhein-Westfalen

CR Crailsheim → **SHA**

CUX Cuxhaven
Landkreis; Kreisstadt: Cuxhaven
Bundesland: Niedersachsen

CW Calw
Landkreis; Kreisstadt: Calw
Bundesland: Baden-Württemberg

D Düsseldorf
Kreisfreie Stadt: Düsseldorf
Bundesland: Nordrhein-Westfalen
Sehenswürdigkeiten: Düsseldorf gilt als eine der fünf wichtigsten Metropolen des Landes und hat unter anderem folgende Sehenswürdigkeiten zu bieten: Kaiserpfalz Kaiserswerth, Deutsche Oper am Rhein, St. Lambertus, Kunstsammlung Nordrhein-Westfalen, Schifffahrt-Museum im Schlossturm, Senfmuseum, Theatermuseum, Kunstakademie, Kunsthalle, Stadtmuseum, Aquazoo – Löbbecke-Museum, Botanischer Garten der Universität, Königsallee.
www.duesseldorf.de

DA Darmstadt-Dieburg
Landkreis; Kreisstadt: Darmstadt
Kreisfreie Stadt: Darmstadt
Bundesland: Hessen

DAH Dachau
Landkreis; Kreisstadt: Dachau
Bundesland: Bayern

DAN Dannenberg
Landkreis: Lüchow-Dannenberg;
Kreisstadt: Lüchow
Bundesland: Niedersachsen

DAU Daun
Landkreis: Vulkaneifel;
Kreisstadt: Daun
Bundesland: Rheinland-Pfalz

DBR Bad Doberan → LRO

DD Dresden
Kreisfreie Stadt: Dresden
Bundesland: Sachsen
Sehenswürdigkeiten: Im sogenannten Elbflorenz lohnt ein Besuch der Semperoper, des Residenzschlosses, des Zwingers, des Blauen Wunders (Loschwitzer Brücke), des Kulturpalastes, der Frauenkirche, der Kathedrale, der Kreuzkirche, des Deutschen Hygiene-Museums, des Erich-Kästner-Museums, des Fahrradmuseums, der Gemäldegalerie Alte Meister mit Sixtinischer Madonna, des Kunstgewerbemuseums und des Japanischen Palais.
www.dresden.de

DE Dessau
Kreisfreie Stadt: Dessau
Bundesland: Sachsen-Anhalt

DEG Deggendorf
Landkreis; Kreisstadt: Deggendorf
Bundesland: Bayern

DEL Delmenhorst
Kreisfreie Stadt: Delmenhorst
Bundesland: Niedersachsen

DGF Dingolfing-Landau
Landkreis; Kreisstadt: Dingolfing
Bundesland: Bayern

DH Diepholz
Landkreis; Kreisstadt: Diepholz
Bundesland: Niedersachsen

DI Dieburg → **DA**
DIL Dillenburg → **LDK**
DIN Dinslaken → **WES**
DIZ Diez → **EMS**
DKB Dinkelsbühl → **AN**
DL Döbeln → **FG**

DLG Dillingen (Donau)
Landkreis; Kreisstadt: Dillingen
Bundesland: Bayern

DM Demmin
Landkreis; Kreisstadt: Demmin
Bundesland: Mecklenburg-Vorpommern

DN Düren
Landkreis; Kreisstadt: Düren
Bundesland: Nordrhein-Westfalen

DO Dortmund
Kreisfreie Stadt: Dortmund
Bundesland: Nordrhein-Westfalen
Sehenswürdigkeiten: Dortmund gilt als Wirtschafts- und Handelszentrum Westfalens und bietet einiges an Kunst und Kultur – Altes Hafenamt, Hörder Burg, Wasserschloss Haus Bodelschwingh, Reinoldikirche, St. Petri-Kirche, Museum am Ostwall, Industriemuseum, Alter Markt, RWE Tower und die Spielbank Hohensyburg. www.dortmund.de

DON Donau-Ries
Landkreis; Kreisstadt: Donauwörth
Bundesland: Bayern

DS* (Donaueschingen) → **VS**
DT* (Lippe in Detmold) → **LIP**

DU Duisburg
Kreisfreie Stadt: Duisburg
Bundesland: Nordrhein-Westfalen
Sehenswürdigkeiten: Rathaus, Jüdisches Gemeindezentrum, Salvatorkirche, Stiftung Wilhelm-Lehmbruck-Museum, Kultur- und Stadthistorisches Museum, Museum der Deutschen Binnenschifffahrt, Landschaftspark Duisburg-Nord und Innenhafen laden in die Stadt ein. www.duisburg.de

DUD (Duderstadt) → **GÖ**

DÜW Bad Dürkheim
Landkreis; Kreisstadt: Bad Dürkheim (Weinstraße)
Bundesland: Rheinland-Pfalz

DW Dippoldiswalde → **PIR**

DZ Delitzsch → **TDO**

E Essen
Kreisfreie Stadt: Essen
Bundesland: Nordrhein-Westfalen
Sehenswürdigkeiten: Essen im Rurgebiet hat weit mehr als Industrie zu bieten: Münster, Glockenspiel, Marktkirche, Alte Synagoge, Europahaus, Rathaus, Lichtburg, Colosseum-Theater, Grillo-Theater, Folkwangmuseum, Ruhrlandmuseum, Haus der Technik, Kokerei und Zeche Zollverein (zum UNESCO-Weltkulturerbe gehörend) prägen das Stadtbild und laden zu Ausflügen ein.
www.essen.de

EA Eisenach
Kreisfreie Stadt: Eisenach
Bundesland: Thüringen

EB Eilenburg → **TDO**

EBE Ebersberg
Landkreis; Kreisstadt: Ebersberg
Bundesland: Bayern

EBN Ebern → **HAS**
EBS Ebermannstadt → **FO**
ECK Eckernförde → **RD**

ED Erding
Landkreis; Kreisstadt: Erding
Bundesland: Bayern

EE Elbe-Elster
Landkreis; Kreisstadt: Herzberg
Bundesland: Brandenburg

EF Erfurt
Kreisfreie Stadt: Erfurt
Bundesland: Thüringen
Sehenswürdigkeiten: Die Landeshauptstadt Thüringens bietet Sehenswürdigkeiten wie das Rathaus, das Schloss Molsdorf, eine Wassermühle, die Zitadelle Petersberg, die Allerheiligenkirche, den Mariendom, die Severikirche, das Angermuseum, die Kunsthalle, ein Aquarium und den Thüringer Zoopark.
www.erfurt.de

EG Eggenfelden → **PAN**
EH Eisenhüttenstadt → **LOS**
EHI* (Ehingen) → **UL**

EI Eichstätt
Landkreis; Kreisstadt: Eichstätt
Bundesland: Bayern

EIC Eichsfeld
Landkreis; Kreisstadt: Heiligenstadt
Bundesland: Thüringen

EIH* (Eichstätt) → **EI**
EIL Eisleben → **MSH**
EIN Einbeck → **NOM**
EIS (Eisenberg) → **SHK**

EL Emsland
Landkreis; Kreisstadt: Meppen
Bundesland: Niedersachsen

EM Emmendingen
Landkreis; Kreisstadt: Emmendingen
Bundesland: Baden-Württemberg

EMD Emden
Kreisfreie Stadt: Emden
Bundesland: Niedersachsen

EMS Rhein-Lahn-Kreis
Landkreis; Kreisstadt: Bad Ems
Bundesland: Rheinland-Pfalz

EN Ennepe-Ruhr-Kreis
Landkreis; Kreisstadt: Schwelm
Bundesland: Nordrhein-Westfalen

ER Erlangen
Kreisfreie Stadt: Erlangen
Bundesland: Bayern

ERB Odenwaldkreis
Landkreis; Kreisstadt: Erbach
Bundesland: Hessen

ERH Erlangen-Höchstadt
Landkreis; Kreisstadt: Erlangen (→ ER)
Bundesland: Bayern

ERK Erkelenz → **HS**

ERZ Erzgebirgskreis
Landkreis; Kreisstadt Annaberg-Buchholz
Bundesland: Sachsen

ES Esslingen (Neckar)
Landkreis; Kreisstadt: Esslingen
Bundesland: Baden-Württemberg

ESA* (Eisenach) → **WAK**
ESB Eschenbach → **NEW**

ESW Werra-Meißner-Kreis
Landkreis; Kreisstadt: Eschwege
Bundesland: Hessen

EU Euskirchen
Landkreis; Kreisstadt: Euskirchen
Bundesland: Nordrhein-Westfalen

EUT* (Eutin) → **OH**
EW Eberswalde → **BAR**

F Frankfurt (Main)
Kreisfreie Stadt: Frankfurt am Main
Bundesland: Hessen
Sehenswürdigkeiten: Das sogenannte Mainhattan lädt zu zahlreichen Attraktionen ein: Römerberg, Alte Oper, Dreikönigskirche, Kaiserdom St. Bartholomäus, Paulskirche, Goethe-Haus, Museumsufer mit Deutschem Filmmuseum und Städelschem Kunstinstitut, Museum für Moderne Kunst, Jüdisches Museum, Commerzbank-Hochhaus, Messegelände,

Börsenplatz und Börse, Kleinmarkthalle und Zeilgalerie. www.frankfurt.de

FAL* (Fallingbostel) → **HK**

FB Wetteraukreis
Landkreis; Kreisstadt: Friedberg
Bundesland: Hessen

FD Fulda
Landkreis; Kreisstadt: Fulda
Bundesland: Hessen

FDB Friedberg → **AIC**

FDS Freudenstadt
Landkreis; Kreisstadt: Freudenstadt
Bundesland: Baden-Württemberg

FEU Feuchtwangen → **AN**

FF Frankfurt (Oder)
Kreisfreie Stadt: Frankfurt (Oder)
Bundesland: Brandenburg

FFB Fürstenfeldbruck
Landkreis; Kreisstadt: Fürstenfeldbruck
Bundesland: Bayern

FG Freiberg
Landkreis; Kreisstadt: Freiberg
Bundesland: Sachsen

FH* (Frankfurt-Höchst) → **MTK**
FI Finsterwalde → **EE**
FKB Frankenberg → **KB**

FL Flensburg
Kreisfreie Stadt: Flensburg
Bundesland: Schleswig-Holstein

FLÖ Flöha → **FG**

FN Bodenseekreis
Landkreis; Kreisstadt: Friedrichshafen
Bundesland: Baden-Württemberg

FO Forchheim
Landkreis; Kreisstadt: Forchheim
Bundesland: Bayern

FOR Forst → **SPN**

FR Freiburg (Breisgau)
Landkreis: Breisgau-Hochschwarzwald; Kreisstadt: Freiburg
Kreisfreie Stadt: Freiburg
Bundesland: Baden-Württemberg
Sehenswürdigkeiten: Die Universitätsstadt lockt Besucher mit Bauten wie dem Freiburger Münster, dem Schwabentor, dem Colombischlössle, dem Aussichtsturm Schlossberg, einem Konzerthaus, der Jesuitenkirche, dem Augustinermuseum, dem Museums-Bergwerk Schauinsland und mit dem 1620 gegründeten Botanischen Garten. www.freiburg.de

FRG Freyung-Grafenau
Landkreis; Kreisstadt: Freyung
Bundesland: Bayern

FRI Friesland
Landkreis; Kreisstadt: Jever
Bundesland: Niedersachsen

FRW Bad-Freienwalde
→ **MOL**

FS Freising
Landkreis; Kreisstadt: Freising
Bundesland: Bayern

FT Frankenthal (Pfalz)
Kreisfreie Stadt: Frankenthal
Bundesland: Rheinland-Pfalz

FTL Freital → **PIR**

FÜ Fürth
Landkreis; Kreisstadt: Zirndorf
Kreisfreie Stadt: Fürth
Bundesland: Bayern

FÜS Füssen → **OAL**
FW (Fürstenwalde)
→ **LOS**
FZ (Fritzlar-Homberg)
→ **HR**

G Gera
Kreisfreie Stadt: Gera
Bundesland: Thüringen

GA Gardelegen → **SAW**

GAN Bad-Gandersheim
→ **NOM**

GAP Garmisch-Partenkirchen
Landkreis; Kreisstadt: Garmisch-Partenkirchen
Bundesland: Bayern

GC Glauchau → **Z**
GD (Schwäbisch Gmünd)
→ **AA**
GDB (Gardebusch)
→ **NWM**

GE Gelsenkirchen
Kreisfreie Stadt: Gelsenkirchen
Bundesland: Nordrhein-Westfalen
Sehenswürdigkeiten: Hans-Sachs-Haus, Musiktheater im Revier, Schloss Berge, Wasserburg Haus Lüttinghof, Heilig-Kreuz-Kirche, Motorradmuseum, Veltins-Arena (Schalke) sind nur einige Sehenswürdigkeiten der ehemaligen „Stadt der 1000 Feuer“.
www.gelsenkirchen.de

GEL Geldern → **KLE**
GEM* (Gemünden)
→ **MSP**
GEO Gerolzhofen → **SW**

GER Germersheim
Landkreis; Kreisstadt: Germersheim
Bundesland: Rheinland-Pfalz

GF Gifhorn
Landkreis; Kreisstadt: Gifhorn
Bundesland: Niedersachsen

GG Groß-Gerau
Landkreis; Kreisstadt: Groß-Gerau
Bundesland: Hessen

GHA Geithain → **L**
GHC Gräfenhainichen → **WB**

GI Gießen
Landkreis; Kreisstadt: Gießen
Bundesland: Hessen

GK Geilenkirchen → **HS**

GL Rheinisch-Bergischer Kreis
Landkreis; Kreisstadt: Bergisch Gladbach
Bundesland: Nordrhein-Westfalen

GLA Gladbeck → **RE**

GM Gummersbach
Landkreis: Oberbergischer Kreis; Kreisstadt: Gummersbach
Bundesland: Nordrhein-Westfalen

GMN Grimmen → **NVP**
GN Gelnhausen → **MKK**
GNT Genthin → **JL**
GOA St. Goar → **SIM**

GÖ Göttingen
Landkreis; Kreisstadt: Göttingen
Bundesland: Niedersachsen

GOH St. Goarshausen → **EMS**

GP Göppingen
Landkreis; Kreisstadt: Göppingen
Bundesland: Baden-Württemberg

GR Görlitz
Kreisfreie Stadt: Görlitz
Bundesland: Sachsen

GRA Grafenau → **FRG**
GRH Großenhain → **MEI**
GRI Griesbach im Rottal → **PA**
GRM Grimma → **L**
GRS* (Gransee) → **OHV**

GRZ Greiz
Landkreis; Kreisstadt: Greiz
Bundesland: Thüringen

GS Goslar
Landkreis; Kreisstadt: Goslar
Bundesland: Niedersachsen

GT Gütersloh
Landkreis; Kreisstadt: Gütersloh
Bundesland: Nordrhein-Westfalen

GTH Gotha
Landkreis; Kreisstadt: Gotha
Bundesland: Thüringen

GUB Guben → **SPN**
GÜ Güstrow → **LRO**
GUN Gunzenhausen → **WUG**
GV Grevenbroich → **NE**
GVM Grevesmühlen → **NWM**
GW Greifswald → **VG**

GZ Günzburg

Landkreis; Kreisstadt: Günzburg
Bundesland: Bayern

H Hannover

Region/Stadt: Hannover
Bundesland: Niedersachsen
Sehenswürdigkeiten: Die Stadt ist durch die weltgrößte Computermesse CeBIT international bekannt. Aber auch das Alte und Neue Rathaus, das Opernhaus, Leineschloss, Welfenschloss, Marktkirche, Nikolaikapelle, Kestner-Museum, Niedersächsisches Landesmuseum, Volkssternwarte, Herrenhäuser Gärten und der Tiergarten sind einen Besuch in der Hauptstadt Niedersachsens wert.
www.hannover.de

HA Hagen

Kreisfreie Stadt: Hagen
Bundesland: Nordrhein-Westfalen
Sehenswürdigkeiten: Das „Tor zum Sauerland" bietet Attraktionen wie den Eugen-Richter-Turm, das Schloss Hohenlimburg, das Wasserschloss Werdringen, die Johanniskirche, das Westfälische Freilichtmuseum, die Lange Riege (Klingenschmiedsiedlung) und einen Volkspark.
www.hagen.de

HAB Hammelburg → **KG**

HAL Halle (Saale)

Kreisfreie Stadt: Halle
Bundesland: Sachsen-Anhalt
Sehenswürdigkeiten: In der Geburtsstadt des Barockkomponisten laden nicht nur dessen Geburtshaus (Händelhaus), sondern auch das Stadthaus, die Moritzburg, Neue Residenz, Opernhaus Halle, Roter Turm, Marktkirche Unser Lieben Frauen, der Hallesche Dom, das Salinemuseum, der Geologische Garten und der Hallesche Bergzoo zu interessanten Touren ein.
www.halle.de

HAM Hamm

Kreisfreie Stadt: Hamm
Bundesland: Nordrhein-Westfalen
Sehenswürdigkeiten: Auch diese westfälische Stadt ist einen Besuch wert: Stadtmauer, Schloss Heessen, Martin-Luther-Kirche, Pauluskirche, Gustav-Lübcke-Museum und Maximilianpark (mit Glaselefant) sind beliebte Ziele für Touristen. www.hamm.de

HAS Haßberge
Landkreis; Kreisstadt: Haßfurt
Bundesland: Bayern

HB Hansestadt Bremen
Stadtstaat/Kreisfreie Stadt: Bremen, Bremerhaven
Bundesland: Bremen
Sehenswürdigkeiten: Wer die Hansestadt besucht, sollte sich mindestens für diese Besichtigungen Zeit nehmen: Rathaus, Rolandstatue, Haus Schütting, Schnoorviertel, Weserburg, Liebfrauenkirche, St.-Petri-Dom, Heimatmuseum Schloss Schönebeck, Kunsthalle, Rundfunkmuseum, Universum Science Center und Rhododendron-Park mit Botanika.
www.bremen.de

HBN Hildburghausen
Landkreis; Kreisstadt: Hildburghausen
Bundesland: Thüringen

HBS Halberstadt → **HZ**
HC Hainichen → **FG**

HCH Zollernalbkreis-Hechingen → **BL**

HD Rhein-Neckar-Kreis
Landkreis; Kreisstadt: Heidelberg
Kreisfreie Stadt: Heidelberg
Bundesland: Baden-Württemberg

HDH Heidenheim (Brenz)
Landkreis; Kreisstadt: Heidenheim
Bundesland: Baden-Württemberg

HDL Haldensleben → **BK**

HE Helmstedt
Landkreis; Kreisstadt: Helmstedt
Bundesland: Niedersachsen

HEB Hersbruck → **LAU**

HEF Hersfeld-Rotenburg
Landkreis; Kreisstadt: Bad Hersfeld
Bundesland: Hessen

HEI Dithmarschen
Landkreis; Kreisstadt: Heide
Bundesland: Schleswig-Holstein

HER Herne
Kreisfreie Stadt: Herne
Bundesland: Nordrhein-Westfalen
Sehenswürdigkeiten: Die ehemalige Bergbaustadt lädt mit Sehenswürdigkeiten wie Kaiser-Wilhelm-Turm, Rathaus, Renaissance-Wasserschloss Strünkede, Christuskirche, Johanneskirche, Westfälisches Landesmuseum und Museum für Archäologie zu einem Bummel ein.
www.herne.de

HET Hettstedt → **MSH**

HF Herford
Landkreis; Kreisstadt: Herford
Bundesland: Nordrhein-Westfalen

HG Hochtaunuskreis
Landkreis; Kreisstadt: Bad Homburg
Bundesland: Hessen

HGN Hagenow → LWL

HGW Hansestadt Greifswald
Kreisfreie Stadt: Greifswald
Bundesland: Mecklenburg-Vorpommern

HH Hansestadt Hamburg
Stadtstaat/Bundesland: Hamburg
Sehenswürdigkeiten: Die Hansestadt hat als zweitgrößte Stadt des Landes natürlich Attraktionen für mehrere Tage zu bieten. Wer aber nur kurz verweilt, sollte sich zumindest Rathaus, Bismarck-Denkmal, Turmruine St. Nikolai, Michel (St.-Michaelis-Kirche), Hamburger Kunsthalle, Hamburgmuseum, Hamburger Hafen, Speicherstadt, Deichstraße, Reeperbahn, Fischmarkt, Planetarium und Alsterarkaden ansehen.
www.hamburg.de

HHM Hohenmölsen → BLK

HI Hildesheim
Landkreis; Kreisstadt: Hildesheim
Bundesland: Niedersachsen

HIG Heiligenstadt → EIC
HIP Hilpoltstein → RH

HK Heidekreis
Landkreis; Kreisstadt: Bad Fallingbostel
Bundesland: Niedersachsen

HL Hansestadt Lübeck
Kreisfreie Stadt: Lübeck
Bundesland: Schleswig-Holstein
Sehenswürdigkeiten: Die Hansestadt an der Ostsee ist ein beliebter Ort für Feriengäste, die unter anderem Folgendes gern besichtigen: Buddenbrookhaus, Holstentor, Rathaus, Burgkloster, Zeughaus, Salzspeicher an der Trave, Füchtingshof, Dom, Marienkirche, Günter-Grass-Haus, St.-Annen-Museum, Haus der Schiffergesellschaft, Heiligen-Geist-Hospital.
www.luebeck.de

HM Hameln-Pyrmont
Landkreis; Kreisstadt: Hameln
Bundesland: Niedersachsen

HMÜ Hannoversch Münden → GÖ

HN Heilbronn (Neckar)
Landkreis/Kreisfreie Stadt: Heilbronn
Bundesland: Baden-Württemberg

HO Hof
Landkreis/Kreisfreie Stadt: Hof
Bundesland: Bayern

HÖS Höchstadt an der Aisch → **ERH**
HOG Hofgeismar → **KS**
HOH Hofheim in Unterfranken → **HAS**

HOL Holzminden
Landkreis; Kreisstadt: Holzminden
Bundesland: Niedersachsen

HOM Saarpfalz-Kreis
Landkreis; Kreisstadt: Homburg
Bundesland: Saarland

HOR Horb → **FDS**
HOT Hohenstein-Ernstthal → **Z**

HP Bergstraße
Landkreis; Kreisstadt: Heppenheim
Bundesland: Hessen
HR Schwalm-Eder-Kreis
Landkreis; Kreisstadt: Homberg
Bundesland: Hessen

HRO Hansestadt Rostock
Kreisfreie Stadt: Rostock
Bundesland: Mecklenburg-Vorpommern
Sehenswürdigkeiten: Die ca. 6000 ha große Rostocker Heide ist bei Wanderern sehr beliebt. Aber auch ein Stadtbummel ist hier empfehlenswert, um z. B. das Kloster zum Heiligen Kreuz, das Kuhtor, das Ständehaus, die Marienkirche, die Nikolaikirche, die St.-Petri-Kirche, die Kunsthalle Rostock oder den Rostocker Zoo zu besichtigen.
www.rostock.de

HS Heinsberg
Landkreis; Kreisstadt: Heinsberg
Bundesland: Nordrhein-Westfalen

HSK Hochsauerlandkreis
Landkreis; Kreisstadt: Meschede
Bundesland: Nordrhein-Westfalen

HST Hansestadt Stralsund
Kreisfreie Stadt: Stralsund
Bundesland: Mecklenburg-Vorpommern

HU Hanau
Stadt: Hanau
Bundesland: Hessen

HÜN* (Hünfeld) → **FD**
HUS* (Husum) → **NF**
HV Havelberg → **SDL**

HVL Havelland
Landkreis; Kreisstadt: Rathenow
Bundesland: Brandenburg

HWI Hansestadt Wismar
Kreisfreie Stadt: Wismar
Bundesland: Mecklenburg-Vorpommern

HX Höxter
Landkreis; Kreisstadt: Höxter
Bundesland: Nordrhein-Westfalen

HY Hoyerswerda → **BZ**

HZ Harz
Landkreis; Kreisstadt: Halberstadt
Bundesland: Sachsen-Anhalt

IGB St. Ingbert
Stadt: St. Ingbert
Bundesland: Saarland

IK Ilm-Kreis
Landkreis; Kreisstadt: Arnstadt
Bundesland: Thüringen

IL Ilmenau → **IK**
ILL Illertissen → **NU**

IN Ingolstadt
Kreisfreie Stadt: Ingolstadt
Bundesland: Bayern

IS* (Iserlohn) → **MK**

IZ Steinburg
Landkreis; Kreisstadt: Itzehoe
Bundesland: Schleswig-Holstein

J Jena
Kreisfreie Stadt: Jena
Bundesland: Thüringen

JB* (Jüterbog) → **TF**
JE Jessen → **WB**
JEV* (Jever) → **FRI**

JL Jerichower Land
Landkreis; Kreisstadt: Burg
Bundesland: Sachsen-Anhalt

JÜL Jülich → **DN**

K Köln
Kreisfreie Stadt: Köln
Bundesland: Nordrhein-Westfalen
Sehenswürdigkeiten: Der weltbekannte Kölner Dom ist das dritthöchste Kirchengebäude der Welt. Aber auch das 4711-Stammhaus, die Stadtmauer, die Kirche St. Andreas, das AGFA Photo-Historama, das Deutsche Sport & Olympia Museum, das Kölner Karnevalsmuseum, das Schokoladenmuseum, das Museum Ludwig, das Wallraf-Richartz-Museum, der Messeturm, der Volksgarten und vieles mehr laden ein, um in Deutschlands viertgrößter Stadt Urlaub zu machen.
www.koeln.de

KA Karlsruhe
Landkreis/Kreisfreie Stadt: Karlsruhe
Bundesland: Baden-Württemberg
Sehenswürdigkeiten: Die drittgrößte Stadt von Baden-Württemberg bietet kulturelle Highlights wie Stephanskirche, Badisches Landesmuseum im Schloss Karlsruhe, Majolika-Keramikmanufaktur, Kunsthalle, Zentrum für Kunst und Medientechnologie und einen Stadtgarten.
www.karlsruhe.de

KAR* (Karlstadt) → **MSP**

KB Waldeck-Frankenberg
Landkreis; Kreisstadt: Korbach
Bundesland: Hessen

KC Kronach
Landkreis; Kreisstadt: Kronach
Bundesland: Bayern

KE Kempten (Allgäu)
Kreisfreie Stadt: Kempten
Bundesland: Bayern

KEH Kelheim
Landkreis; Kreisstadt: Kelheim
Bundesland: Bayern

KEL Kehl → **OG**
KEM Kemnath → **TIR**

KF Kaufbeuren
Kreisfreie Stadt: Kaufbeuren
Bundesland: Bayern

KG Bad Kissingen
Landkreis; Kreisstadt: Bad Kissingen
Bundesland: Bayern

KH Bad Kreuznach
Landkreis; Kreisstadt: Bad Kreuznach
Bundesland: Rheinland-Pfalz

KI Kiel
Kreisfreie Stadt: Kiel
Bundesland: Schleswig-Holstein
Sehenswürdigkeiten: Hier kommen „Wasserratten" voll auf ihre Kosten: Schwedenkai, Schifffahrtsmuseum mit Museumshafen, Kiellinie (Promenade), Aquarium und Marinehafen sind aber nur ein Bereich von Sehenswürdigkeiten: Auch das Rathaus, die St.-Nikolai-Kirche, das Computermuseum, das Medizin- und Pharmaziehistorische Museum, das Schleswig-Holsteinische Freilichtmuseum, der Alte Botanische Garten und das Olympische Dorf sind einen Besuch wert.
www.kiel.de

KIB Donnersbergkreis
Landkreis; Kreisstadt: Kirchheimbolanden
Bundesland: Rheinland-Pfalz

KK Kempen → **VIE**

KL Kaiserslautern
Landkreis/Kreisfreie Stadt: Kaiserslautern
Bundesland: Rheinland-Pfalz

KLE Kleve
Landkreis; Kreisstadt: Kleve
Bundesland: Nordrhein-Westfalen

KLZ Klötze → **SAW**
KM Kamenz → **BZ**

KN Konstanz
Landkreis; Kreisstadt: Konstanz
Bundesland: Baden-Württemberg

KO Koblenz
Kreisfreie Stadt: Koblenz
Bundesland: Rheinland-Pfalz

KÖN Bad Königshofen → **NES**
KÖT Köthen → **ABI**
KÖZ Bad-Kötzting → **CHA**

KR Krefeld
Kreisfreie Stadt: Krefeld
Bundesland: Nordrhein-Westfalen
Sehenswürdigkeiten: Die Stadt am Niederrhein lockt mit Sehenswürdigkeiten wie dem Portal der Mennonitenkirche, der Hohenbudberger Kirche, dem Kaiser Wilhelm Museum, dem Museumszentrum Burg Linn und dem Deutschen Textilmuseum.
www.krefeld.de

KRU Krumbach → **GZ**

KS Kassel
Landkreis/Kreisfreie Stadt: Kassel
Bundesland: Hessen
Sehenswürdigkeiten: Spätestens seit der documenta (Halle kann besichtigt werden) ist Kassel weltbekannt. Aber auch die Orangerie in der Karlsaue, der Druselturm, Schloss und Bergpark Wilhelmshöhe, Zisselhering am Rondell, Martinskirche, Brüderkirche, Lutherkirche, Fridericianum, Ottoneum und Brüder-Grimm-Museum machen die Stadt eine Reise wert.
www.kassel.de

KT Kitzingen
Landkreis; Kreisstadt: Kitzingen
Bundesland: Bayern

KU Kulmbach
Landkreis; Kreisstadt: Kulmbach
Bundesland: Bayern

KÜN Hohenlohekreis
Landkreis; Kreisstadt: Künzelsau
Bundesland: Baden-Württemberg

KUS Kusel
Landkreis; Kreisstadt: Kusel
Bundesland: Rheinland-Pfalz

KW Königs Wusterhausen → **LDS**
KY Kyritz → **OPR**

KYF Kyffhäuserkreis
Landkreis; Kreisstadt: Sondershausen
Bundesland: Thüringen

L Leipzig
Landkreis; Kreisstadt: Borna
Kreisfreie Stadt: Leipzig
Bundesland: Sachsen
Sehenswürdigkeiten: Die sächsische Stadt bietet zahlreiche Anlaufstellen für Sightseeing-Hungrige: Hauptbahnhof, Alte Börse, Altes Rathaus, Gohliser Schlösschen, Oper, Schillerhaus, Thomaskirche, Nikolaikirche, Bach-Archiv, Museum der bildenden Künste, Grassimuseum und Mädler-Passage.
www.leipzig.de

L* (Lahn) → **LDK/GI**

LA Landshut
Landkreis/Kreisfreie Stadt: Landshut
Bundesland: Bayern

LAN Landau (Isar) → **DGF**
LAT* (Lauterbach) → **VB**

LAU Nürnberger Land
Landkreis; Kreisstadt: Lauf
Bundesland: Bayern

LB Ludwigsburg
Landkreis; Kreisstadt: Ludwigsburg
Bundesland: Baden-Württemberg

LBS Bad Lobenstein → **SOK**
LBZ Lübz → **PCH**
LC Luckau → **LDS**

LD Landau (Pfalz)
Kreisfreie Stadt: Landau
Bundesland: Rheinland-Pfalz

LDK Lahn-Dill-Kreis
Landkreis; Kreisstadt: Wetzlar
Bundesland: Hessen

LDS Dahme-Spreewald
Landkreis; Kreisstadt: Lübben
Bundesland: Brandenburg

LE* (Lemgo) → **LIP**
LEO (alt) → **BB**

LER Leer (Ostfriesland)
Landkreis; Kreisstadt: Leer
Bundesland: Niedersachsen

LEV Leverkusen
Kreisfreie Stadt: Leverkusen
Bundesland: Nordrhein-Westfalen
Sehenswürdigkeiten: Nicht nur für Fußballfans interessant: Auch das Rathaus, das Schloss Morsbroich, die Villa Römer, der Wasserturm Leverkusen-Bürrig, das Bayer-Hochhaus, der Japanische Garten, der Wildpark Reuschenberg und der Freudenthaler Sensenhammer sind ein guter Grund, um in dieser Stadt einen Spaziergang zu machen.
www.leverkusen.de

LF (Laufen) → **BGL**

LG Lüneburg
Landkreis; Kreisstadt: Lüneburg
Bundesland: Niedersachsen

LH Lüdinghausen → **COE**

LI Lindau (Bodensee)
Landkreis; Kreisstadt: Lindau
Bundesland: Bayern

LIB Bad Liebenwerda → **EE**

LIF Lichtenfels
Landkreis; Kreisstadt: Lichtenfels
Bundesland: Bayern

LIN* (Lingen) → **EL**

LIP Lippe
Landkreis; Kreisstadt: Detmold
Bundesland: Nordrhein-Westfalen

LK Lübbecke → **MI**

LL Landsberg (Lech)
Landkreis; Kreisstadt: Landsberg am Lech
Bundesland: Bayern

LM Limburg-Weilburg
Landkreis; Kreisstadt: Limburg
Bundesland: Hessen

LN Lübben → **LDS**

LÖ Lörrach
Landkreis; Kreisstadt: Lörrach
Bundesland: Baden-Württemberg

LÖB Löbau → **GR**
LOH* (Lohr) → **MSP**

LOS Oder-Spree
Landkreis; Kreisstadt: Beeskow
Bundesland: Brandenburg

LP Lippstadt → **SO**
LR Lahr → **OG**

LRO Landkreis Rostock
Landkreis; Kreisstadt Güstrow
Bundesland: Mecklenburg-Vorpommern

LS* (Märkischer Kreis/ Lüdenscheid) → **MK**
LSZ Bad Langensalza → **UH**

LU Ludwigshafen (Rhein)
Kreisfreie Stadt: Ludwigshafen
Bundesland: Rheinland-Pfalz
Sehenswürdigkeiten: In der zweitgrößten Stadt von Rheinland-Pfalz kann man das Schillerhaus, die Lutherkirche, die Kirche Mariae Himmelfahrt, das Wilhelm-Hack-Museum, das BASF-Hochhaus, die Walzmühle und vieles mehr besuchen.
www.ludwigshafen.de

LÜD* (Lüdenscheid) → **MK**
LÜN Lünen → **UN**
LUK* (Luckenwalde) → **TF**

LWL Ludwigslust
Landkreis; Kreisstadt: Ludwigslust
Bundesland: Mecklenburg-Vorpommern

M München
Landkreis/Kreisfreie Stadt: München
Bundesland: Bayern
Sehenswürdigkeiten: Die bayrische Landeshauptstadt ist die drittgrößte Metropole Deutschlands und lockt nicht nur alljährlich zur „Wiesn" zahlreiche Besucher; auch der Marienplatz mit Neuem und Altem Rathaus, die Residenz, Schloss Nymphenburg, das Karlstor, das Isartor, die Frauenkirche (Dom), der Alte Peter, Theatiner-, Asam- und Michaelskirche, das Deutsche Museum, die Pinakotheken, das Valentin-Karlstadt-Musäum, der Englische Garten, das Olympiagelände, der Viktualienmarkt, das Hofbräuhaus und die Allianz-Arena bieten für jeden Geschmack eine Sehenswürdigkeit.
www.muenchen.de

MA Mannheim
Kreisfreie Stadt: Mannheim
Bundesland: Baden-Württemberg
Sehenswürdigkeiten: Die Universitätsstadt mit Marktplatz, Friedrichsplatz mit Wasserturm, Nationaltheater, Schloss Mannheim, Christuskirche, Jesuitenkirche, Kunsthalle, Reiss-Engelhorn-Museen, Landesmuseum für Technik und Arbeit und Luisenpark ist einen Besuch wert.
www.mannheim.de

MAB Marienberg → **ERZ**
MAI Mainburg → **KEH**
MAK Marktredwitz → **WUN**
MAL Mallersdorf → **SR**
MAR* (Marktheidenfeld) → **MSP**

MB Miesbach
Landkreis; Kreisstadt: Miesbach
Bundesland: Bayern

MC* (Malchin) → **DM**

MD Magdeburg
Kreisfreie Stadt: Magdeburg
Bundesland: Sachsen-Anhalt
Sehenswürdigkeiten: Die Hauptstadt von Sachsen-Anhalt hat neben Rathaus, Dom, Lukasklause, Grüne Zitadelle, Jahrtausendturm, Kloster Unserer Lieben Frauen, Magdalenenkapelle, Kulturhistorisches Museum, Schulmuseum, Gruson-Gewächshäuser und dem Wasserstraßenkreuz Magdeburg mit Schiffshebewerk Rothensee noch viel mehr zu bieten, was zu einem Besuch einlädt.
www.magdeburg.de

ME Mettmann
Landkreis; Kreisstadt: Mettmann
Bundesland: Nordrhein-Westfalen

MED Meldorf → **HEI**
MEG Melsungen → **HR**

MEI Meißen
Landkreis; Kreisstadt: Meißen
Bundesland: Sachsen

MEK Mittlerer Erzgebirgskreis → **ERZ**
MEL (Melle) → **OS**
MEP* (Meppen) → **EL**
MER Merseburg → **SK**
MES* (Meschede) → **HSK**
MET Mellrichstadt → **NES**

MG Mönchengladbach
Kreisfreie Stadt: Mönchengladbach
Bundesland: Nordrhein-Westfalen
Sehenswürdigkeiten: Die zur Metropolregion Rhein-Ruhr gehörende Stadt bietet an Sehenswürdigkeiten unter anderem das Münster, das Städtische Museum Abteiberg, das Museum im Wasserturm Rheindahlen, das Karnevalsmuseum im Alten Zeughaus, das Wasserschloss Haus Horst und den Bunten Garten.
www.moenchengladbach.de

MGH Bad-Mergentheim → **TBB**
MGN Meiningen → **SM**

MH Mülheim (Ruhr)
Kreisfreie Stadt: Mülheim
Bundesland: Nordrhein-Westfalen
Sehenswürdigkeiten: In der Stadt im westlichen Ruhrgebiet sind das Rathaus, die Stadthalle, der Wasserbahnhof mit Blumenuhr, das Kloster Saarn, die Petrikirche, das Schloss Broich, das Tersteegenhaus, das Wassermuseum, das

Haus Ruhrnatur und das Rhein-RuhrZentrum interessante Ziele für einen Ausflug.
www.muelheim-ruhr.de

MHL Mühlhausen → **UH**

MI Minden-Lübbecke
Landkreis; Kreisstadt: Minden
Bundesland: Nordrhein-Westfalen

MIL Miltenberg
Landkreis; Kreisstadt: Miltenberg
Bundesland: Bayern

MK Märkischer Kreis
Landkreis; Kreisstadt: Lüdenscheid
Bundesland: Nordrhein-Westfalen

MKK Main-Kinzig-Kreis
Landkreis; Kreisstadt: Gelnhausen
Bundesland: Hessen

ML Mansfelder Land → **MSH**

MM Memmingen
Kreisfreie Stadt: Memmingen
Bundesland: Bayern

MN Unterallgäu
Landkreis; Kreisstadt: Mindelheim
Bundesland: Bayern

MO Moers → **WES**

MOD Marktoberdorf → **OAL**

MOL Märkisch-Oderland
Landkreis; Kreisstadt: Seelow
Bundesland: Brandenburg

MON Monschau → **AC**

MOS Neckar-Odenwald-Kreis
Landkreis; Kreisstadt: Mosbach
Bundesland: Baden-Württemberg

MQ Merseburg-Querfurt → **SK**

MR Marburg-Biedenkopf
Landkreis; Kreisstadt: Marburg
Bundesland: Hessen

MS Münster
Kreisfreie Stadt: Münster
Bundesland: Nordrhein-Westfalen
Sehenswürdigkeiten: Der Buddenturm, das Historische Kramer-amtshaus, das Rathaus mit Friedenssaal, der Prinzipalmarkt, die Lambertikirche, der Dom, das Graphikmuseum Pablo Picasso und das Westfälische Pferdemuseum Hippomaxx laden in Münster zu einem Besuch ein.
www.muenster.de

MSE Mecklenburgische Seenplatte → **NB**

MSH Mansfeld-Südharz
Landkreis; Kreisstadt: Sangerhausen
Bundesland: Sachsen-Anhalt

MSP Main-Spessart
Landkreis; Kreisstadt: Karlstadt
Bundesland: Bayern

MST Mecklenburg-Strelitz
Landkreis; Kreisstadt: Neustrelitz
Bundesland: Mecklenburg-Vorpommern

MT* (Montabaur) → **WW**

MTK Main-Taunus-Kreis
Landkreis; Kreisstadt: Hofheim
Bundesland: Hessen

MTL Muldentalkreis → **L**

MÜ Mühldorf (Inn)
Landkreis; Kreisstadt: Mühldorf
Bundesland: Bayern

MÜB Münchberg → **HO**
MÜL* (Müllheim) → **FR**
MÜN* (Münsingen) → **RT**

MÜR Müritz
Landkreis; Kreisstadt: Waren
Bundesland: Mecklenburg-Vorpommern

MW Mittweida → **FG**
MY Mayen → **MYK**

MYK Mayen-Koblenz
Landkreis; Kreisstadt: Koblenz (→ KO)
Bundesland: Rheinland-Pfalz

MZ Mainz-Bingen
Landkreis; Kreisstadt: Ingelheim
Kreisfreie Stadt: Mainz
Bundesland: Rheinland-Pfalz
Sehenswürdigkeiten: Die Stadt ist nicht nur für die Mainzelmännchen des ZDF bekannt, sondern auch für den Dativius-Victor-Bogen, den Fastnachtsbrunnen, das Kurfürstliche Schloss, das Staatstheater, die Zitadelle, den Mainzer Dom, die Hallenkirche St. Stephan, das Gutenberg-Museum, das Römisch-Germanische Zentralmuseum und das Museum für Antike Schifffahrt.
www.mainz.de

MZG Merzig-Wadern
Landkreis; Kreisstadt: Merzig a.d. Saar
Bundesland: Saarland

N Nürnberg
Kreisfreie Stadt: Nürnberg
Bundesland: Bayern
Sehenswürdigkeiten: Wer hier mehr als nur den Christkindlesmarkt zur Adventszeit sehen will, sollte sich auch Zeit nehmen für das Rathaus, die Kaiserburg, das Albrecht-Dürer-Haus, den

Weißen Turm, die Frauenkirche, den Handwerkerhof, das Germanische Nationalmuseum, das Dokumentationszentrum, die Kunsthalle, das Spielzeugmuseum und das Planetarium.
www.nürnberg.de

NAB Nabburg / Schwandorf → **SAD**
NAI Naila → **HO**
NAU Nauen → **HVL**

NB Neubrandenburg
Kreisfreie Stadt: Neubrandenburg
Bundesland: Mecklenburg-Vorpommern

ND Neuburg-Schrobenhausen
Landkreis; Kreisstadt: Neuburg a.d. Donau
Bundesland: Bayern

NDH Nordhausen
Landkreis; Kreisstadt: Nordhausen
Bundesland: Thüringen

NE Rhein-Kreis Neuss
Landkreis; Kreisstadt: Neuss
Bundesland: Nordrhein-Westfalen

NEA Neustadt (Aisch)
Landkreis: Neustadt a.d. Aisch-Bad Windsheim; Kreisstadt: Bad Neustadt
Bundesland: Bayern

NEB Nebra → **BLK**
NEC Neustadt → **CO**
NEN Neundorf → **SAD**

NES Röhn-Grabfeld
Landkreis; Kreisstadt: Neustadt a.d. Saale
Bundesland: Bayern

NEU* (Titisee-Neustadt) → **FR**

NEW Neustadt (Waldnaab)
Landkreis; Kreisstadt: Neustadt a.d. Waldnaab
Bundesland: Bayern

NF Nordfriesland
Landkreis; Kreisstadt: Husum
Bundesland: Schleswig-Holstein

NH Neuhaus-am-Rennweg → **SON**

NI Nienburg (Weser)
Landkreis; Kreisstadt: Nienburg
Bundesland: Niedersachsen

NIB* (Niebüll) → **NF**

NK Neunkirchen (Saar)
Landkreis; Kreisstadt: Ottweiler
Bundesland: Saarland

NM Neumarkt (Oberpfalz)
Landkreis; Kreisstadt: Neumarkt i.d. Oberpfalz
Bundesland: Bayern

NMB (Naumburg)
→ **BLK**

NMS Neumünster
Kreisfreie Stadt: Neumünster
Bundesland: Schleswig-Holstein

NÖ Nördlingen → **DON**

NOH Nordhorn
Landkreis: Grafschaft Bentheim; Kreisstadt: Nordhorn
Bundesland: Niedersachsen

NOL Niederschlesische Oberlausitz → **GR**

NOM Northeim
Landkreis; Kreisstadt: Northeim
Bundesland: Niedersachsen

NOR Norden → **AUR**
NP Neuruppin → **OPR**

NR Neuwied (Rhein)
Landkreis; Kreisstadt: Neuwied
Bundesland: Rheinland-Pfalz

NRÜ* (Neustadt am Rübenberge) → **H**

NT Nürtingen → **ES**

NU Neu-Ulm
Landkreis; Kreisstadt: Neu-Ulm
Bundesland: Bayern

NVP Nordvorpommern
→ **VR**

NW Neustadt (Weinstraße)
Kreisfreie Stadt: Neustadt a.d. Weinstraße
Bundesland: Rheinland-Pfalz

NWM Nordwestmecklenburg
Landkreis; Kreisstadt: Grevesmühlen
Bundesland: Mecklenburg-Vorpommern

NY Niesky → **GR**
NZ Neustrelitz → **MST**

OA Oberallgäu
Landkreis; Kreisstadt: Sonthofen
Bundesland: Bayern

OAL Ostallgäu
Landkreis; Kreisstadt: Marktoberdorf
Bundesland: Bayern

OB Oberhausen
Kreisfreie Stadt: Oberhausen
Bundesland: Nordrhein-Westfalen
Sehenswürdigkeiten: Die Nordrhein-westfälische Stadt bietet

an Sehenswürdigkeiten den Altmarkt, die Burg Vondern, das Rathaus, das Schloss Oberhausen mit Ludwig-Galerie, die Deutsche Hörfunkakademie und den Gasometer.
www.oberhausen.de

OBB (Obernburg) → **MIL**
OBG Osterburg → **SDL**
OC Oschersleben → **BK**
OCH Ochsenfurt → **WÜ**

OD Stormarn
Landkreis; Kreisstadt: Bad Oldesloe
Bundesland: Schleswig-Holstein

OE Olpe
Landkreis; Kreisstadt: Olpe
Bundesland: Nordrhein-Westfalen

ÖHR Öhringen → **KÜN**

OF Offenbach (Main)
Landkreis; Kreisstadt: Dietzenbach
Kreisfreie Stadt: Offenbach
Bundesland: Hessen

OG Ortenaukreis
Landkreis; Kreisstadt: Offenburg
Bundesland: Baden-Württemberg

OH Ostholstein
Landkreis; Kreisstadt: Eutin
Bundesland: Schleswig-Holstein

OHA Osterode (Harz)
Landkreis; Kreisstadt: Osterode
Bundesland: Niedersachsen

OHV Oberhavel
Landkreis; Kreisstadt: Oranienburg
Bundesland: Brandenburg

OHZ Osterholz
Landkreis; Kreisstadt: Osterholz-Scharmbeck
Bundesland: Niedersachsen

OK Ohrekreis → **BK**

OL Oldenburg
Landkreis; Kreisstadt: Wildeshausen
Kreisfreie Stadt: Oldenburg
Bundesland: Niedersachsen
Sehenswürdigkeiten: Altes Rathaus, Zwinger, Pulverturm, Staatstheater, Schloss, Lambertikirche, Synagoge, Augusteum, Horst-Janssen-Museum und Fernmeldeamt gehören zu den berühmtesten Touristenmagneten der Stadt.
www.oldenburg.de

OLD* (Oldenburg) → **OH**
OP Opladen → **GL**

OPR Ostprignitz-Ruppin
Landkreis; Kreisstadt: Neuruppin
Bundesland: Brandenburg

OR* (Oranienburg) → **OHV**

OS Osnabrück
Landkreis/Kreisfreie Stadt: Osnabrück
Bundesland: Niedersachsen
Sehenswürdigkeiten: Osnabrück hat architektonische Leckerbissen wie Rathaus und Stadtwaage, Bucksturm, Steinwerk, Felix-Nussbaum-Haus, Hirschapotheke, Heger Tor, Ledenhof, Dom St. Peter, Pfarr- und Marktkirche St.-Marien, St.-Katharinen-Kirche, Museum Industriekultur und das Erich-Maria-Remarque-Friedenszentrum zu bieten.
www.osnabrueck.de

OSL Oberspreewald-Lausitz
Landkreis; Kreisstadt: Senftenberg
Bundesland: Brandenburg

OTT* (Otterndorf) → **CUX**
OTW* (Ottweiler) → **NK**
OVI Oberviechtach → **SAD**
OVL Adorf Obervogtland → **V**
OVP Ostvorpommern → **VG**
OZ Oschatz → **TDO**

P Potsdam
Kreisfreie Stadt: Potsdam
Bundesland: Brandenburg

PA Passau
Landkreis/Kreisfreie Stadt: Passau
Bundesland: Bayern
Sehenswürdigkeiten: Bekannt ist die Stadt nicht nur durch ihr Dreiflüsseck, sondern auch durch die Veste Oberhaus, den Schaiblingsturm, das Passauer Dackelmuseum und durch diverse Kirchen und Kathedralen, wie den Dom St. Stephan.
www.passau.de

PAF Pfaffenhofen (Ilm)
Landkreis; Kreisstadt: Pfaffenhofen
Bundesland: Bayern

PAN Rottal-Inn
Landkreis; Kreisstadt: Pfarrkirchen
Bundesland: Bayern

PAR Parsberg → **NM**

PB Paderborn
Landkreis; Kreisstadt: Paderborn
Bundesland: Nordrhein-Westfalen

PCH Parchim
Landkreis; Kreisstadt: Parchim
Bundesland: Mecklenburg-Vorpommern

PE Peine
Landkreis; Kreisstadt: Peine
Bundesland: Niedersachsen

PEG Pegnitz → **BT**

PER* (Perleberg) → **PR**

PF Pforzheim
Landkreis: Enzkreis; Kreisstadt: Pforzheim
Kreisfreie Stadt: Pforzheim
Bundesland: Baden-Württemberg

PI Pinneberg
Landkreis; Kreisstadt: Pinneberg
Bundesland: Schleswig-Holstein

PIR Sächsische Schweiz
Landkreis; Kreisstadt: Pirna
Bundesland: Sachsen

PK* (Pritzwalk) → **PR**
PL Plauen → **V**

PLÖ Plön
Landkreis; Kreisstadt: Plön
Bundesland: Schleswig-Holstein

PM Potsdam-Mittelmark
Landkreis; Kreisstadt: Belzig
Bundesland: Brandenburg

PN Pößneck → **SOK**

PR Prignitz
Landkreis; Kreisstadt: Perleberg
Bundesland: Brandenburg

PRÜ Prüm → **BIT**

PS Pirmasens
Landkreis: Südwestpfalz; Kreisstadt: Pirmasens
Kreisfreie Stadt: Pirmasens
Bundesland: Rheinland-Pfalz

PW Pasewalk → **VG**
PZ Prenzlau → **UM**
QFT Querfurt → **SK**
QLB Quedlinburg → **HZ**

R Regensburg
Landkreis/Kreisfreie Stadt: Regensburg
Bundesland: Bayern
Sehenswürdigkeiten: Seit 2021 ist Regensburg gleich zweimal UNESCO Welterbe mit seiner Altstadt und dem Donaulimes. Auch die steinerne Brücke, der Dom St. Peter und das Schloss St. Emmeram sind einen Besuch wert.
www.regensburg.de

RA Rastatt
Landkreis; Kreisstadt: Rastatt
Bundesland: Baden-Württemberg

RC Reichenbach → **V**

RD Rendsburg-Eckernförde
Landkreis; Kreisstadt: Rendsburg
Bundesland: Schleswig-Holstein

RDG Ribnitz-Damgarten → **NVP**

RE Recklinghausen
Landkreis; Kreisstadt: Recklinghausen
Bundesland: Nordrhein-Westfalen

REG Regen
Landkreis; Kreisstadt: Regen
Bundesland: Bayern

REH Rehau → **HO**
REI Bad Reichenhall → **BGL**
RG Riesa-Großenhain → **MEI**

RH Roth
Landkreis; Kreisstadt: Roth
Bundesland: Bayern

RI Rinteln → **SHG**
RID Riedenburg → **KEH**
RIE Riesa → **MEI**
RL Rochlitz → **FG**
RM Röbel/Müritz → **MÜR**
RN Rathenow → **HVL**

RO Rosenheim
Landkreis/Kreisfreie Stadt: Rosenheim
Bundesland: Bayern

ROD Roding / Cham Kreis → **CHA**
ROF Rotenburg a. d. Fulda → **HEF**
ROK Rockenhausen → **KIB**
ROL Rottenburg a. d. Laaber → **LA**
ROS Rostock → **LRO**
ROT Rothenburg → **AN**

ROW Rotenburg (Wümme)
Landkreis; Kreisstadt: Rotenburg
Bundesland: Niedersachsen

RP Rhein-Pfalz-Kreis
Landkreis; Kreisstadt: Ludwigshafen (→ LU)
Bundesland: Rheinland-Pfalz

RS Remscheid
Kreisfreie Stadt: Remscheid
Bundesland: Nordrhein-Westfalen

RSL Dessau-Roßlau → **ABI**

RT Reutlingen
Landkreis; Kreisstadt: Reutlingen
Bundesland: Baden-Württemberg

RU Rudolstadt → **SLF**

RÜD Rheingau-Taunus-Kreis
Landkreis; Kreisstadt: Bad Schwalbach
Bundesland: Hessen

RÜG Rügen
Landkreis; Kreisstadt: Bergen
Bundesland: Mecklenburg-Vorpommern

RV Ravensburg
Landkreis; Kreisstadt: Ravensburg
Bundesland: Baden-Württemberg

RW Rottweil
Landkreis; Kreisstadt: Rottweil
Bundesland: Baden-Württemberg

RY* (Rheydt) → **MG**

RZ Herzogtum Lauenburg
Landkreis; Kreisstadt: Ratzeburg
Bundesland: Schleswig-Holstein

S Stuttgart
Kreisfreie Stadt: Stuttgart
Bundesland: Baden-Württemberg
Sehenswürdigkeiten: Wer nach Stuttgart kommt, sollte es nicht versäumen, sich Altes und Neues Schloss, Hegelhaus, Staatstheater, Stiftskirche, Leonhardskirche, Domkirche St. Eberhard, Alte und Neue Staatsgalerie, Mercedes-Benz Museum, Feuerwehrmuseum, Funkturm, Rosensteinpark und Königsbau sowie die Wilhelma anzusehen.
www.stuttgart.de

SAB Saarburg → **TR**

SAD Schwandorf
Landkreis; Kreisstadt: Schwandorf
Bundesland: Bayern

SÄK (Säckingen) → **WT**

SAN Stadtsteinach → **KU**

SAW Altmarkkreis Salzwedel
Landkreis; Kreisstadt: Salzwedel
Bundesland: Sachsen-Anhalt

SB Saarbrücken
Landkreis: Stadtverband Saarbrücken; Kreisstadt: Saarbrücken
Bundesland: Saarland
Sehenswürdigkeiten: Rathaus und Altes Rathaus, Alte Brücke, Saarländisches Staatstheater, Schloss Saarbrücken, Basilika St. Johann, Schlosskirche, Ludwigskirche, Congresshalle, Abenteuer-Museum, Arzneipflanzenmuseum, Moderne Galerie, Stadtgalerie, Saarlandmuseum, Deutsch-Französischer Garten, Bürgerpark und Saarkran machen einen Besuch in Saarbrücken zum Erlebnis.
www.saarbruecken.de

SBG Strasburg → **UER**
SBK Schönebeck → **SLK**

SC Schwabach
Kreisfreie Stadt: Schwabach
Bundesland: Bayern

SCZ (Schleiz) → **SOK**
SDH Sondershausen → **KYF**

SDL Stendal

Landkreis; Kreisstadt: Stendal
Bundesland: Sachsen-Anhalt

SDT Schwedt → **UM**

SE Segeberg
Landkreis; Kreisstadt: Bad Segeberg
Bundesland: Schleswig-Holstein

SEB Sebnitz → **PIR**
SEE Seelow → **MOL**
SEF Scheinfeld → **NEA**
SEL Selb → **WUN**
SF* (Sonthofen) → **OA**
SFA* (Soltau-Fallingbostel) → **HK**
SFB Senftenberg → **OSL**
SFT Staßfurt → **SLK**

SG Solingen
Kreisfreie Stadt: Solingen
Bundesland: Nordrhein-Westfalen
Sehenswürdigkeiten: Seit dem Mittelalter gilt die Stadt als das Zentrum der deutschen Klingen-, Messer- und Schneidwarenindustrie. Sehenswürdigkeiten sind neben dem Klingenmuseum die Müngstener Brücke, der historische Marktplatz Gräfrath, das Schloss Burg mit Bergischem Museum, die St. Clemenskirche, die Walder Kirche, das Laurel & Hardy-Museum, der Wipperkotten und die Sternwarte Solingen.
www.solingen.de

SGH Sangerhausen → **MSH**

SHA Schwäbisch Hall
Landkreis; Kreisstadt: Schwäbisch Hall
Bundesland: Baden-Württemberg

SHG Schaumburg
Landkreis; Kreisstadt: Stadthagen
Bundesland: Niedersachsen

SHK Saale-Holzland-Kreis
Landkreis; Kreisstadt: Eisenberg
Bundesland: Thüringen

SHL Suhl
Kreisfreie Stadt: Suhl
Bundesland: Thüringen

SI Siegen-Wittgenstein
Landkreis Siegen-Wittgenstein; Kreisstadt: Siegen
Bundesland: Nordrhein-Westfalen

SIG Sigmaringen
Landkreis; Kreisstadt: Sigmaringen
Bundesland: Baden-Württemberg

SIM Rhein-Hunsrück-Kreis
Landkreis; Kreisstadt: Simmern
Bundesland: Rheinland-Pfalz

SK Saalkreis
Landkreis; Kreisstadt: Halle (→ HAL)
Bundesland: Sachsen-Anhalt

SL Schleswig-Flensburg
Landkreis; Kreisstadt: Schleswig
Bundesland: Schleswig-Holstein

SLE Schleiden → **EU**

SLF Saalfeld-Rudolstadt
Landkreis; Kreisstadt: Saalfeld
Bundesland: Thüringen

SLG (Saulgau Württemberg) → **SIG**

SLK Salzlandkreis
Landkreis; Kreisstadt: Bernburg (Saale)
Bundesland: Sachsen-Anhalt

SLN Schmölln → **ABG**

SLS Saarlouis
Landkreis; Kreisstadt: Saarlouis
Bundesland: Saarland

SLÜ Schlüchtern → **MKK**
SLZ Bad Salzungen → **WAK**

SM Schmalkalden-Meiningen
Landkreis; Kreisstadt: Meiningen
Bundesland: Thüringen

SMÜ Schwabmünchen → **A**

SN Schwerin
Kreisfreie Stadt: Schwerin
Bundesland: Mecklenburg-Vorpommern

SNH* (Sinsheim) → **HD**

SO Soest
Landkreis; Kreisstadt: Soest
Bundesland: Nordrhein-Westfalen

SOB Schrobenhausen → **ND**

SÖM Sömmerda
Landkreis; Kreisstadt: Sömmerda
Bundesland: Thüringen

SOG Schongau → **WM**

SOK Saale-Orla-Kreis
Landkreis; Kreisstadt: Schleiz
Bundesland: Thüringen

SOL* (Soltau) → **HK**

SON Sonneberg
Landkreis; Kreisstadt: Sonneberg
Bundesland: Thüringen

SP Speyer
Kreisfreie Stadt: Speyer
Bundesland: Rheinland-Pfalz

SPB Spremberg → **SPN**

SPN Spree-Neiße-Kreis
Landkreis; Kreisstadt: Forst (Lausitz)
Bundesland: Brandenburg

SPR* (Springe) → **H**

SR Straubing-Bogen
Landkreis; Kreisstadt: Straubing
Bundesland: Bayern

SRB Strausberg → **MOL**
SRO Stadtroda → **SHK**

ST Steinfurt
Landkreis; Kreisstadt: Steinfurt
Bundesland: Nordrhein-Westfalen

STA Starnberg
Landkreis; Kreisstadt: Starnberg
Bundesland: Bayern
Sehenswürdigkeiten: Die Stadt am gleichnamigen Starnberger See hat das Schloss Berg, das Museum der Phantasie, das Starnberger Marionettentheater und das Schloss Possenhof mit dem dazugehörigen Museum zu Kaiserin Elisabeth zu bieten.
www.starnberg.de

STB Landkreis Ludwigslust-Parchim (Sternberg) → **PCH**

STD Stade
Landkreis; Kreisstadt: Stade
Bundesland: Niedersachsen

STE Bad Staffelstein → **LIF**
STH* (Stadthagen) → **SHG**
STL Stollberg → **ERZ**
STO (Stockach) → **KN**

SU Rhein-Sieg-Kreis
Landkreis; Kreisstadt: Siegburg
Bundesland: Nordrhein-Westfalen

SÜW Südliche Weinstraße
Landkreis; Kreisstadt: Landau i.d. Pfalz (→ LD)
Bundesland: Rheinland-Pfalz

SUL Sulzbach-Rosenberg → **AS**

SW Schweinfurt
Landkreis/Kreisfreie Stadt: Schweinfurt
Bundesland: Bayern

SWA Bad Schwalbach → **RÜD**
SY (Syke) → **DH**

SZ Salzgitter
Kreisfreie Stadt: Salzgitter
Bundesland: Niedersachsen

SZB Schwarzenberg → **ERZ**

TBB Main-Tauber-Kreis
Landkreis; Kreisstadt: Tauberbischofsheim
Bundesland: Baden-Württemberg

TDO Landkreis Nordsachsen
Landkreis; Kreisstadt: Torgau
Bundesland: Sachsen

TE Tecklenburg → **ST**
TET Teterow → **LRO**

TF Teltow-Fläming
Landkreis; Kreisstadt: Luckenwalde
Bundesland: Brandenburg

TG Torgau → **TDO**

TIR Tirschenreuth
Landkreis; Kreisstadt: Tirschenreuth
Bundesland: Bayern

TO Torgau-Oschatz → **TDO**

TÖL Bad Tölz-Wolfratshausen
Landkreis; Kreisstadt: Bad Tölz
Bundesland: Bayern

TÖN* (Eiderstedt in Tönningen) → **NF**
TP Templin → **UM**

TR Trier-Saarburg
Landkreis; Kreisstadt: Trier
Kreisfreie Stadt: Trier
Bundesland: Rheinland-Pfalz

TS Traunstein
Landkreis; Kreisstadt: Traunstein
Bundesland: Bayern

TT (Tettnang) → **FN**

TÜ Tübingen
Landkreis; Kreisstadt: Tübingen
Bundesland: Baden-Württemberg
Sehenswürdigkeiten: Der Botanische Garten, die Stiftskirche St. Georg, das Schloss Hohentübingen, der Hölderlinturm und das Auto- und Spielzeugmuseum Boxenstopp sind nur einige Sehenswürdigkeiten der Universitätsstadt Tübingen.
www.tuebingen.de

TUT Tuttlingen
Landkreis; Kreisstadt: Tuttlingen
Bundesland: Baden-Württemberg

UE Uelzen
Landkreis; Kreisstadt: Uelzen
Bundesland: Niedersachsen

ÜB (Überlingen) → **FN**
UEM Ueckermünde → **VG**
UER Uecker-Randow → **VG**
UFF Uffenheim → **NEA**

UH Unstrut-Hainich-Kreis
Landkreis; Kreisstadt: Mühlhausen
Bundesland: Thüringen

UL Ulm
Landkreis: Alb-Donau-Kreis;
Kreisstadt: Ulm
Kreisfreie Stadt: Ulm
Bundesland: Baden-Württemberg

UM Uckermark
Landkreis; Kreisstadt: Prenzlau
Bundesland: Brandenburg

UN Unna
Landkreis; Kreisstadt: Unna
Bundesland: Nordrhein-Westfalen

USI Usingen → **HG**

V Vogtlandkreis
Landkreis; Kreisstadt: Plauen
Bundesland: Sachsen

VAI Vaihingen an der Enz → **LB**

VB Vogelsbergkreis
Landkreis; Kreisstadt: Lauterbach
Bundesland: Hessen

VEC Vechta
Landkreis; Kreisstadt: Vechta
Bundesland: Niedersachsen

VER Verden (Aller)
Landkreis; Kreisstadt: Verden
Bundesland: Niedersachsen

VG Vorpommern-Greifswald
Landkreis; Kreisstadt: Greifswald
Bundesland: Mecklenburg-Vorpommern

VIB Vilsbiburg Rottal-Inn-Kreis → **LA**

VIE Viersen
Landkreis; Kreisstadt: Viersen
Bundesland: Nordrhein-Westfalen

VIT (Viechtach) → **REG**

VK Völklingen
Stadt: Völklingen (Saarbrücken)
Bundesland: Saarland

VOF* (Vilshofen) → **PA**

VOH Vohenstrauß → **NEW**

VR Vorpommern-Rügen
Landkreis; Kreisstadt: Stralsund
Bundesland: Mecklenburg-Vorpommern

VS Schwarzwald-Baar-Kreis
Landkreis; Kreisstadt: Villingen-Schwenningen
Bundesland: Baden-Württemberg

W Wuppertal
Kreisfreie Stadt: Wuppertal
Bundesland: Nordrhein-Westfalen
Sehenswürdigkeiten: In dieser Stadt sind das Briller Viertel, die Laurentiuskirche, das Straßenbahnmuseum, das Von-der-Heydt-Museum, das Uhrenmuseum, die Schwebebahn, die Schwimmoper (Hallenbad), der Botanische Garten und der Zoo für einen Ausflug zu empfehlen.
www.wuppertal.de

WA Walbeck → **KB**

WAF Warendorf
Landkreis; Kreisstadt: Warendorf
Bundesland: Nordrhein-Westfalen

WAK Wartburgkreis
Landkreis; Kreisstadt: Bad Salzungen
Bundesland: Thüringen

WAN Wanne → **HER**
WAR (Warburg) → **HX**
WAT Wattenscheid → **BO**

WB Wittenberg
Landkreis; Kreisstadt: Wittenberg
Bundesland: Sachsen-Anhalt

WBS Worbis → **EIC**

WD* (Wiedenbrück) → **GT**
WDA Werdau → **Z**

WE Weimar
Kreisfreie Stadt: Weimar
Bundesland: Thüringen

WEB* (Westerburg) → **WW**
WEG* (Wegscheid) → **PA**
WEL Weilburg → **LM**
WEM* (Wesermünde) → **CUX**

WEN Weiden (Oberpfalz)
Kreisfreie Stadt: Weiden
Bundesland: Bayern

WER Wertingen → **DLG**

WES Wesel
Landkreis; Kreisstadt: Wesel
Bundesland: Nordrhein-Westfalen

WF Wolfenbüttel
Landkreis; Kreisstadt: Wolfenbüttel
Bundesland: Niedersachsen

WG (Wangen) → **RV**

WHV Wilhelmshaven
Kreisfreie Stadt: Wilhelmshaven
Bundesland: Niedersachsen

WI Wiesbaden
Kreisfreie Stadt: Wiesbaden
Bundesland: Hessen
Sehenswürdigkeiten: Wiesbaden hat für Kulturinteressierte unter anderem das Historische Fünfeck –

Schlossplatz, Schloss Biebrich, Friedrichswerdersche Kirche, Marktkirche mit Marktsäule, Russische Kirche, Kurhaus mit Spielbank, Kurpark, Kaiser-Friedrich-Bad und Schiersteiner Hafen zu bieten.
www.wiesbaden.de

WIL Bernkastel-Wittlich
Landkreis; Kreisstadt: Wittlich
Bundesland: Rheinland-Pfalz

WIS (Wismar) → **NWM**
WIT Witten → **EN**

WIZ Witzenhausen → **ESW**
WK Wittstock → **OPR**

WL Harburg
Landkreis; Kreisstadt: Winsen
Bundesland: Niedersachsen

WLG Wolgast → **VG**

WM Weilheim-Schongau
Landkreis; Kreisstadt: Weilheim
Bundesland: Bayern

WMS Wolmirstedt → **BK**

WN Rems-Murr-Kreis
Landkreis; Kreisstadt: Waiblingen
Bundesland: Baden-Württemberg

WND St. Wendel
Landkreis; Kreisstadt: St. Wendel
Bundesland: Saarland

WO Worms
Kreisfreie Stadt: Worms
Bundesland: Rheinland-Pfalz

WOB Wolfsburg
Kreisfreie Stadt: Wolfsburg
Bundesland: Niedersachsen

WOH Wolfhagen → **KS**
WOL Wolfach → **OG**

WOR Wolfratshausen → **TÖL**
WOS Wolfstein → **FRG**
WR Wernigerode → **HZ**
WRN (Waren) → **MÜR**
WS WS Wasserburg am Inn → **RO**
WSF (Weißenfels) → **BLK**

WST Ammerland
Landkreis; Kreisstadt: Westerstede
Bundesland: Niedersachsen

WSW Weißwasser → **GR**

WT Waldshut
Landkreis; Kreisstadt: Waldshut-Tiengen
Bundesland: Baden-Württemberg

WTL (Wittlage) → **OS**

WTM Wittmund
Landkreis; Kreisstadt: Wittmund
Bundesland: Niedersachsen

WÜ Würzburg
Landkreis/Kreisfreie Stadt: Würzburg
Bundesland: Bayern
Sehenswürdigkeiten: Nicht nur die Würzburger Residenz als Weltkulturerbe, die alte Mainbrücke, die Festung Marienberg, der Grafeneckart, das Lusamgärtlein und das Rathaus laden zu einem Besuch der Stadt Würzburg ein.
www.wuerzburg.de

WÜM Waldmünchen → **CHA**

WUG Weißenburg-Gunzenhausen
Landkreis; Kreisstadt: Weißenburg
Bundesland: Bayern

WUN Wunsiedel (Fichtelgebirge)
Landkreis; Kreisstadt: Wunsiedel
Bundesland: Bayern

WUR Wurzen → **L**

WW Westerwaldkreis
Landkreis; Kreisstadt: Montabaur
Bundesland: Rheinland-Pfalz

WZ Wetzlar
Landkreis: Lahn-Dill-Kreis; Kreisstadt: Wetzlar
Bundesland: Hessen

WZL Wanzleben → **BK**

Z Zwickau
Landkreis: Zwickauer Land; Kreisstadt: Werdau
Kreisfreie Stadt: Zwickau
Bundesland: Sachsen

ZE Zerbst → **ABI**
ZEL Zell → **COC**
ZI Zittau → **GR**
ZIG Ziegenhain → **HR**
ZP Zschopau → **ERZ**
ZR Zeulenroda → **GRZ**
ZS* (Zossen) → **TF**

ZW Zweibrücken
Kreisfreie Stadt: Zweibrücken
Bundesland: Rheinland-Pfalz

ZZ Zeitz → **BLK**

Autokennzeichen in Österreich (A)

Österreichische Kennzeichen weisen links vor dem Wappen des jeweiligen Bundeslandes einen Buchstabenblock auf, der den Zulassungsbezirk des Wagens angibt. Er besteht – je nach Größe des Ortes – aus ein bis zwei Lettern; die Buchstaben sind Abkürzungen der Herkunftsorte. Darauf folgt eine Zahlen- und Buchstabenkombination, das sogenannte „Vormerkzeichen". Es ist vier- bis fünfstellig – in Landeshauptstädten und in Wien fünf- bis sechsstellig. Bei Standardkennzeichen muss das Vormerkzeichen mit einem Buchstaben beginnen und mit einer Ziffer enden; bei Wunschkennzeichen (z.B. L - HARRY 5) muss am Ende eine Ziffer stehen.

Sonderkennzeichen:

Bei Sonderkennzeichen folgen nach dem Buchstabenblock und dem Wappen lediglich Zahlen, z. B. A-1.

A Bundespräsident, Nationalratspräsident, Bundeskanzler, Minister, Gerichtshofpräsident, etc.

B Dienstfahrzeuge der Landesregierung Burgenland

K Dienstfahrzeuge der Landesregierung Kärnten

N Dienstfahrzeuge der Landesregierung Niederösterreich

O Dienstfahrzeuge der Landesregierung Oberösterreich
S Dienstfahrzeuge der Landesregierung Salzburg
ST Dienstfahrzeuge der Landesregierung Steiermark
T Dienstfahrzeuge der Landesregierung Tirol
V Dienstfahrzeuge der Landesregierung Vorarlberg
W Dienstfahrzeuge der Landesregierung Wien
BD Kraftfahrlinienverkehr Bundesbus
BH Bundesministerium für Landesverteidigung
BP Bundespolizei
FV Finanzverwaltung
JW Justizwache
PT Post- und Telegraphenverwaltung

Ausländische Vertretungen erhalten nach dem Buchstaben des jeweiligen Bundeslandes ein **D** für Diplomaten oder ein **K** für Konsuln (z.B. KK für den Konsul in Klagenfurt im Bundesland Kärnten). In einzelnen Städten und Bundesländern werden spezielle Fahrzeuggruppen durch die beiden Endbuchstaben bestimmten Dienstbereichen oder Funktionen zugeordnet, z.B.:

FW Feuerwehr
MW Mietwagen
TX Taxi

Alphabetische Auflistung österreichischer Kennzeichen

AM Amstetten
B Bregenz
BA Bad Aussee
BL Bruck (Leitha)
BM Bruck (Mur)
BN Baden
BR Braunau (Inn)
BZ Bludenz
DL Deutschlandsberg

DO Dornbirn
Bundesland: Vorarlberg
Zugelassene Pkw in 1000: 39,0
Sehenswürdigkeiten: Wer die Stadtgemeinde in Vorarlberg besucht, sollte sich Zeit nehmen für den Marktplatz mit Rotem Haus und St-Martinskirche, die Pfarrkirche St. Leopold, das Rolls-Royce-Museum, das Krippenmuseum, das Naturmuseum inatura, den Stadtpark Dornbirn, das Bergdorf Ebnit, den Karren (Hausberg) und die Rappenlochschlucht mit Staufensee.
www.dornbirn.at

E Eisenstadt
EF Eferding
EU Eisenstadt-Umgebung
FB Feldbach
FE Feldkirchen
FF Fürstenfeld
FK Feldkirch
FR Freistadt

G Graz
Bundesland: Steiermark
Zugelassene Pkw in 1000: 116,3
Sehenswürdigkeiten: In der Landeshauptstadt der Steiermark sind Oper, Schlossberg mit bergbahn, Uhrturm, Domkirche St. Ägidius, Neue Galerie, Landeszeughaus, Schloss Eggenberg und Riegersburg als Ausflugsziele zu empfehlen.
www.graz.at

GB Gröbming
GD Gmünd
GF Gänserndorf
GM Gmunden
GR Grieskirchen
GS Güssing
GU Graz-Umgebung
HA Hallein
HB Hartberg
HE Hermagor
HL Hollabrunn
HO Horn

I Innsbruck
Bundesland: Tirol
Zugelassene Pkw in 1000: 50,6
Sehenswürdigkeiten: Goldenes Dachl und Maximilianeum, Helblinghaus, Stadtturm, Kaiserliche Hofburg, Schloss Ambras, Riesenrundgemälde, Tiroler Landestheater, Dom zu St. Jakob, Hofkirche,

Museum im Zeughaus und Tiroler Landesmuseum Ferdinandeum laden in Innsbruck zu einer Besichtigung ein.
www.innsbruck.at

IL Innsbruck-Land
IM Imst
JE Jennersdorf
JO St. Johann (Pongau)
JU Judenburg

K Klagenfurt
Bundesland: Kärnten
Zugelassene Pkw in 1000: 51,9
Sehenswürdigkeiten: Die am Wörthersee gelegene Stadt hat an Sehenswürdigkeiten unter anderem das Alte Rathaus, den Alten Platz, den Stadtpfarrturm, Schloss Annabichl, Schloss Mageregg, Schloss Maria-Loretto, den Klagenfurter Lindwurmbrunnen, den Dom St. Peter und Paul, die Stadtpfarrkirche, das Museum Moderner Kunst, das Kärntner Landesmuseum, das Robert Musil Literaturmuseum, das Virtuelle Schulmuseum und den Botanischen Garten zu bieten.
www.klagenfurt.at

KB Kitzbühel
KF Knittelfeld
KI Kirchdorf (Krems)
KL Klagenfurt-Land
KO Korneuburg
KR Krems-Land
KS Krems (Donau)
KU Bezirk Kufstein

L Linz
Bundesland: Oberösterreich
Zugelassene Pkw in 1000: 91,8
Sehenswürdigkeiten: Hauptplatz, Linzer Altstadt, Linzer Schloss mit Schlossmuseum, Alter Dom, Neuer Dom, Wallfahrtsbasilika Pöstlingberg, Martinskirche, Ars Electronica Center, Cowboymuseum, Zahnmuseum, Lentos Kunstmuseum, Nordico-Museum der Stadt Linz, Oberösterreichisches Landesmuseum, Grottenbahn, Botanischer Garten und Freinberg-Park bieten abwechslungsreiches Sightseeing in der drittgrößten Stadt Österreichs.
www.linz.at

LA Landeck
LB Leibnitz
LE Leoben
LF Lilienfeld
LI Liezen
LL Linz-Land
LN Bezirk Leoben
LZ Lienz
MA Mattersburg
MD Mödling
ME Melk
MI Mistelbach
MU Murau
MT Murtal

MZ Mürzzuschlag
ND Neusiedl am See
NK Neunkirchen
OP Oberpullendorf
OW Oberwart

P St. Pölten
Bundesland: Niederösterreich
Zugelassene Pkw in 1000: 29,8
Sehenswürdigkeiten: In der niederösterreichischen Stadt lohnen sich ein Besuch des Rathauses, des Riemerplatzes, des Herrenplatzes mit Markt, der Jugendstilvilla im Südpark, des Klangturms, der Ehemaligen Synagoge, der Domkirche, der Prandtauerkirche, des Festspielhauses, des Diözesanmuseums und des Niederösterreichischen Landesmuseums.
www.st-poelten.gv.at

PE Perg
PL St. Pölten-Land
RA Radkersburg
RE Reutte
RI Ried (Innkreis)
RO Rohrbach

S Salzburg
Bundesland: Land Salzburg
Zugelassene Pkw in 1000: 96,2
Sehenswürdigkeiten: Die an der Salzach gelegene Stadt zieht jährlich Millionen Besucher aus aller Welt an, die z. B. die Festung Hohensalzburg, die Salzburger Residenz, das Schloss Hellbrunn mit Park, Wasserspielen und Tierpark, die Schlösser Mirabell und Leopoldskron, die Getreidegasse, den Salzburger Dom, den Stift Sankt Peter, das Dommuseum Salzburg, das Museum der Moderne, das Salzburger Freilichtmuseum, das Barockmuseum, das Stille-Nacht-Museum, das Geburtshaus Mozarts und das Salzburger Marionettentheater sehen wollen.
www.salzburg.info

SB Scheibbs
SD Schärding
SE Steyr-Land, Steyr-Enns
SL Salzburg-Umgebung
SP Spittal (Drau)
SR Steyr
SV St. Veit (Glan)
SW Schwechat
SZ Schwaz
TA Tamsweg
TU Tulln
UU Urfahr-Umgebung
VB Vöcklabruck

VI Villach
Bundesland: Kärnten
Zugelassene Pkw in 1000: 30,4
Sehenswürdigkeiten: Die Kärntener Stadt bietet Sehenswürdigkeiten wie die Burgruine Landskron, den Römerweg, die Kirche „Zum Heiligen Kreuz", die Stadtpfarrkir-

che St. Jakob, das Fahrzeugmuseum, das Pilzmuseum, das Puppenmuseum, die Thermalquelle Maibachl und den Walther von der Vogelweide-Park.
www.villach.at

VK Völkermarkt
VL Villach-Land
VO Voitsberg

W Wien (Hauptstadt)
Bundesland: Land Wien
Zugelassene Pkw in 1000: 648,4
Sehenswürdigkeiten: Die Hauptstadt Österreichs hält Sehenswürdigkeiten für mehrere Tage Aufenthalt parat, darunter Burgtheater, Schloss Belvedere, Schloss Schönbrunn, Staatsoper, Jesuitenkirche, Stephansdom, Hofburg mit Sisi-Museum, Leopold-Museum, Kunsthistorisches Museum, MuseumsQuartier, Hundertwasserhaus, Prater und Spanische Hofreitschule.
www.wien.gv.at

WB Wiener Neustadt-Land

WE Wels
Bundesland: Oberösterreich
Zugelassene Pkw in 1000: 30,6
Sehenswürdigkeiten: Die zweitgrößte Stadt in Oberösterreich bietet interessante Sehenswürdigkeiten wie die Burg Wels, das Schloss Pollheim, die Herz-Jesu-Kirche, die Kalvarienbergkirche, das Dragonermuseum und das Stadtmuseum.
www.wels.at

WL Wels-Land
WN Wiener Neustadt
WO Wolfsberg
WT Waidhofen (Thaya)
WU Wien-Umgebung
WY Waidhofen (Ybbs)
WZ Weiz
ZE Zell am See
ZT Zwettl

Autokennzeichen in der Schweiz (CH)

Auf Nummernschildern, die am Fahrzeugheck angebracht sind, ist links das Schweizer Landeswappen abgebildet, dann folgen zwei Buchstaben, die den Kanton angeben. Die darauf folgenden Ziffern werden von 1 bis 999 999 durchnummeriert, bevor das Kennzeichen mit dem jeweiligen Kantonswappen abschließt. Die vorderen Kontrollschilder – so lautet die offizielle schweizerische Bezeichnung für Autokennzeichen – sind meist etwas kleiner und enthalten keine Wappen. Hier findet man nur das Kantonskürzel mit Erkennungsnummer.

Sonderkennzeichen:

Zivile Fahrzeuge der Bundesbehörden tragen das Wappen der Schweiz, gefolgt von einem **A** (= Administration) und einer fünfstelligen Nummer, deren erste Ziffer für das sogenannte „Eidgenössische Departement“ (Ministerium) steht, zu dem das Fahrzeug gehört:

1 Departement für auswärtige Angelegenheiten
2 Departement des Innern
3 Justiz- und Polizeidepartement
4 Departement für Verteidigung, Bevölkerungsschutz und Sport
5 Finanzdepartement
6 Volkswirtschaftsdepartement

7 Departement für Umwelt, Verkehr, Energie und Kommunikation

Fahrzeuge des Diplomatischen und Konsularischen Corps erkennt man an den Buchstabencodes **CD** bzw. **CC**. Die Kombination **AT** (Aide Technique) wird verwendet bei Fahrzeugen für das administrative und technische Personal diplomatischer Missionen. Die weißen Buchstaben sind farbig hinterlegt und befinden sich links vor dem Kantonskürzel.

Eine Reihe weiterer Sonderkennzeichen schließt rechts nach der Ziffernkombination mit einem einzelnen Buchstaben ab:

U Händlerfahrzeug

V Mietwagen*

Z Zollschilder (befristet gültig)

Arbeitsfahrzeuge (z.B. Feuerwehr) haben blaue, landwirtschaftliche Fahrzeuge grüne Nummernschilder. Sogenannte Ausnahmefahrzeuge (z.B. Kran) haben braune Nummernschilder. Militärfahrzeuge tragen schwarze Schilder mit weißer Schrift, die Kennzeichen beginnen mit dem Buchstaben **M**.

* Nicht mehr in Gebrauch; Mietwagen sind aus Sicherheitsgründen häufig in den (versicherungsgünstigen) Kantonen VD oder AI angemeldet.

Alphabetische Auflistung schweizerischer Kennzeichen

AG Aargau
AI Appenzell Innerrhoden
AR Appenzell Ausserrhoden

BE Bern

Zugelassene Pkw im Kanton in 1000: 465,2

Bern (Hauptstadt)
Sehenswürdigkeiten: In der beschaulichen Hauptstadt der Schweiz gibt es viel zu besichtigen: Albert-Einstein-Haus, Gotisches Rathaus, Holländerturm, Käfigturm, Bärengraben, Kindlifresserbrunnen, Kornhaus, Orangerie Elfenau, Schloss Bümpliz, Münster St. Vinzenz, Dreifaltigkeitskirche, Museum für Kommunikation, Kunstmuseum, Historisches Museum, Alpines Museum, Zentrum Paul Klee und Marzilibahn.
www.bern.ch

Biel *(frz. Bienne)*
Sehenswürdigkeiten: Die zweitgrößte Stadt des Kantons Bern bietet Besuchern das Bäsätööri, die Schmiedengasse, den Schüsskanal, den Marktplatz, den Turm am Nordrand der Altstadt, die Stadtkirche und das Museum Schwab.
www.biel.ch

BL Basel-Landschaft
BS Basel-Stadt

Zugelassene Pkw im Kanton in 1000: 66,3

Basel
Sehenswürdigkeiten: Am Dreiländereck Schweiz/Deutschland/Frankreich gelegen, hält die Stadt Basel Folgendes an Sehenswürdigkeiten bereit: Rathaus, Messeturm, Fasnachtsturm, Spalentor, Basler Münster, Betonkirche St. Antonius, Fischmarkt, Anatomisches Museum, Kunstmuseum Basel, Architekturmuseum, Jean-Tinguely-Museum, Schaulager und Basler Papiermühle.
www.basel.ch

FR Freiburg

GE Genf

Zugelassene Pkw im Kanton in 1000: 224,9

Genf
Sehenswürdigkeiten: Genf im gleichnamigen Kanton ist die zweitgrößte Stadt der Schweiz. Für einen Besuch sind z. B. Jet d'Eau, Geburtshaus von Jean-Jacques Rousseau, Völkerbundpalast, Kathedrale St. Pierre, Internationales Rotkreuz- und Rot-

halbmondmuseum, Musée d'Art et d'Histoire, Internationaler Autosalon, Englischer Garten und Quai du Mont-Blanc zu empfehlen.
www.genf.ch

GL Glarus
GR Graubünden
JU Jura

LU Luzern
Zugelassene Pkw im Kanton in 1000: 168,9

Luzern
Sehenswürdigkeiten: Wer nach Luzern kommt, sollte Zeit für Kapellbrücke mit Wasserturm, Löwendenkmal, Altes Rathaus, Raddampfer, Verkehrshaus der Schweiz, Hofkirche, Matthäuskirche, Jesuitenkirche, Sammlung Rosengart, Picasso-Museum, Historisches Museum im Zeughaus, Gletschergarten und Pilatus (Hausberg) mit Zahnradbahn einplanen.
www.luzern.ch

NE Neuenburg
NW Nidwalden
OW Obwalden

SG St. Gallen
Zugelassene Pkw im Kanton in 1000: 224,9
St. Gallen
Sehenswürdigkeiten: Bank Wegelin, Stickereibörse, ehemalige Benediktinerabtei mit Kathedrale, Stiftsbibliothek, Stadtkirche St. Laurenzen mit begehbarem Turm, Historisches und Völkerkundemuseum, Textilmuseum, Kunsthalle St. Gallen und Wildpark Peter und Paul sind Highlights bei einer Reise in die auf rund 700 Metern gelegene Stadt.
www.stadt.sg.ch
www.st.gallen.ch

SH Schaffhausen
SO Solothurn
SZ Schwyz
TG Thurgau

TI Tessin
Zugelassene Pkw im Kanton in 1000: 194,9

Lugano
Sehenswürdigkeiten: Lugano im Kanton Tessin bietet für Touristen z. B. die Kathedrale San Lorenzo, die Kirche Santa Maria degli Angioli, das Historische Museum, das Museum der außereuropäischen Kultur, das Städtische Kunstmuseum, den Parco Civico, den Palazzo Civico, den Monte San Salvatore, den Monte Brè und das Dorf Gandria.
www.lugano.ch

UR Uri

VD Waadt

Zugelassene Pkw im Kanton in 1000: 354,1

Lausanne

Sehenswürdigkeiten: Bundesgericht, Haus Villamont, Hôtel d'Angleterre, Jacquemard-Turm, Rathaus, Schloss Saint-Maire, Théâtre de Beaulieu, Kathedrale Notre-Dame, Musée Olympique, Hafen Ouchy – die Metropole am Genfer See lädt zu einem längeren Aufenthalt ein.
www.lausanne.ch

VS Wallis
ZG Zug

ZH Zürich

Zugelassene Pkw im Kanton in 1000: 652,30

Zürich

Sehenswürdigkeiten: Selbst die größte Stadt der Schweiz strahlt Gemütlichkeit aus, wenn man dort umherschlendert: Bahnhofstrasse und Augustinergasse, Fraumünsterkirche, Grossmünster und Wasserkirche, Money-Museum, Schweizerisches Landesmuseum, Kunsthaus Zürich, Spielzeugmuseum, Zoologisches Museum und Botanischer Garten erwarten den Besucher.
www.stadt-zuerich.ch
www.zuerich.ch

Winterthur

Sehenswürdigkeiten: Burg Alt-Wülflingen, Schloss Hegi, Villa Flora, Kirche Veltheim, Stadtkirche, Uhrensammlung Kellenberger im Gewerbemuseum, Fotomuseum, Technorama, Museum Oskar Reinhart am Stadtgarten und Sammlung Oskar Reinhart am Römerholz – als Besucher von Winterthur wird einem nicht langweilig.
www.stadt.winterthur.ch

Autokennzeichen in anderen europäischen Ländern

Albanien (AL)

Albanische Kennzeichen beginnen mit einem Buchstabenpaar, das den Zulassungsbezirk angibt. Danach folgen eine vierstellige Zahl und ein weiterer Buchstabe. Bei den hier nachfolgend in Klammern angegebenen Orten handelt es sich um Kreishauptstädte.

- **BČ** Tropojë (Bairim Curri)
- **BR** Berat
- **BZ** Bulquizë
- **DI** Dibre
- **DL** Delvinë
- **DR** Durrës
- **DV** Devolli
- **EL** Elbasan
- **ER** Kolonjë (Ersekë)
- **FR** Fier
- **GJ** Gjirokastër
- **GR** Gramsh
- **HS** Has
- **KJ** Kavajë
- **KO** Korçë
- **KR** Krujë
- **KU** Kukës
- **KV** Kuçovë
- **LA** Laç
- **LB** Librazhd
- **LE** Lezhë
- **LU** Lushnjë
- **MA** Mallakastër
- **MR** Mirditë
- **MT** Mat
- **PE** Peqin
- **PG** Pogradec
- **PR** Permet
- **PU** Pukë
- **SH** Shkodër
- **SK** Skrapar
- **SR** Sarandë
- **TP** Tepelenë
- **TR** Tiranë (Tirana, Hauptstadt)
- **VL** Vlorë (Valona)

Andorra (AND)

Auf den Nummernschildern des kleinen Staates ist „Principat d’Andorra“ zu lesen, links ist groß das Landeswappen abgedruckt. Die Kennzeichen setzen sich aus einem Buchstaben und einer vierstelligen Zahl zusammen, die keine Auskunft über die regionale Herkunft geben. Hauptstadt: Andorra La Vella

Belgien (B)

Belgische Kennzeichen erkennt man an der typischen roten Schrift auf weißem Grund. Sie bestehen aus drei Buchstaben und einem dreistelligen Ziffernblock, die nichts über den Herkunftsort aussagen. Das hintere Kennzeichen ist schmaler als das vordere, oftmals fehlt auch die blaue Europabanderole. Hauptstadt: Brüssel

Bosnien und Herzegowina (BIH)

Vor mehreren Jahren wurde in Bosnien und Herzegowina aufgrund der ethnischen Konflikte ein neues Kennzeichensystem eingeführt, das keine Rückschlüsse mehr auf die Herkunftsprovinz zulässt. Aktuelle Nummernschilder setzen sich aus sechs Ziffern zusammen, die in der Mitte durch einen Buchstaben abgetrennt werden. Ältere Kennzeichen beginnen mit zwei (drei) Buchstaben, die den Herkunftsort des Wagens angeben, danach folgt eine Kombination aus Zahlen und Buchstaben.

BČ Brčko
BI Bihać
BL Banja Luka
BN Bijeljina
BU Bugojno
ČP Čapljina
DO Doboj
GŽ Goražde
JC Jajce
KNJ Konjic
LI Livno
MD Modriča
MG Mrkonjič Grad
MO Mostar
PD Prijedor
SA Sarajevo (Hauptstadt)
SC Sokolac
TB Trebinje
TD Titov Drvar
TR Travnik
TZ Tuzla
VI Visoko
ZE Zenica
ZV Zvornik

Bulgarien (BG)

Bulgarische Kennzeichen beginnen mit ein bis zwei Buchstaben, die den Herkunftsbezirk angeben. Es folgen vier Ziffern und zwei weitere Buchstaben, bei älteren Kennzeichen nur ein Buchstabe.

A Burgas
B Varna
BH Vidin
BP Vraca
BT Veliko Tŏrnovo
C Sofija (Sofia, Hauptstadt)
CC Silistra
CH Sliven
CM Smoljan
CO Sofija-Land
CT Stara Zagora
E Blagoevgrad
EB Gabrovo
EH Pleven
H Šumen
K Kârdžali
KH Kjustendil
M Montana
OB Loveč
P Ruse
PA Pazardžik
PB Plovdiv
PK Pernik
PP Razgrad
T Tărgovište
TX Dobrih
X Haskovo
Y Jambol

Dänemark (DK)

Dänische Autokennzeichen (bestehend aus zwei Buchstaben und einer fünfstelligen Zahl) geben keinen Aufschluss darüber, aus welcher Stadt oder Region ein Fahrzeug stammt. Eine Ausnahme bilden die Kennzeichen der Färöer mit FO. Bei Pkw ist das Nummernschild weiß mit schwarzer Schrift und einem roten Rand, Schilder für Lkw und Lieferfahrzeuge sind gelb, Schrift und Umrandung sind hier schwarz.
Hauptstadt: Kopenhagen

Estland (EST)

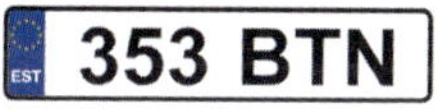

Estnische Kennzeichen bestehen aus drei Ziffern, gefolgt von drei Buchstaben. Der erste Buchstabe gibt an, in welchem Distrikt das Fahrzeug gemeldet ist.

A Tallinn (Hauptstadt)
B Tallinn
D Viljandi
F Pärnu
G Valga
H Hiiumaa
I Jõhvi
J Jõgeva
K Kuressaare
L Ralpa
M Harju
N Narva
O Põlva
P Paide
R Rakvere
S Haapsalu
T Tartu
V Võru

Europäische Union (EUR)

Dienstfahrzeuge von Beamten der Europäischen Union sind mit speziellen Kennzeichen versehen. Sie werden in Brüssel vergeben und lassen keine Rückschlüsse auf den Herkunftsort des Wagens zu. Die Kennzeichen sind weiß mit blauer Schrift, links finden sich die Buchstaben EUR in einem Sternenkreis. Darauf folgt ein vierstelliger Ziffernblock.

Finnland (FIN)

Ein regionales Nummernsystem existiert in Finnland nicht. Die Kennzeichen bestehen aus zwei bis drei Buchstaben, nach einem Bindestrich folgt eine Zahlenkombination. Eine Ausnahme bildet das Kennzeichen der Åland-Inseln (beginnend mit **Å**). Lkw-Kennzeichen beginnen immer mit **P**. Hauptstadt: Helsinki

Frankreich (F)

Bis 2008 galt in Frankreich das Kennzeichen mit maximal vier Ziffern am Anfang, denen bis zu drei Buchstaben folgen konnten. Danach standen zwei Ziffern, die das französische Département angaben. Ab dem 15.04.2009 wurde eine neue Darstellung eingeführt, die dem Muster AA-123-BB folgt. Gab es früher zahlreiche gelbe Schilder, wird nun das weiße Schild mit schwarzer Schrift und dem blauen Europazeichen sowie dem Nationalitätskennzeichen auf der linken Seite verwendet. Mit der ersten Einführung entfielen die Regionskennzeichnungen, die aufgrund von Protesten später wieder eingeführt wurden und heute verpflichtend sind. Die Region wird in einem Kasten auf der rechten Seite dargestellt. Die Kennzeichen gehören zum Fahrzeug und werden fortlaufend vergeben.

1 Ain
2 Aisne
3 Allier
4 Alpes de Haute-Provence
5 Hautes-Alpes
6 Alpes-Maritimes
7 Ardèche
8 Ardennes
9 Ariège
10 Aube
11 Aude
12 Aveyron
13 Bouches-du-Rhône
14 Calvados
15 Cantal
16 Charente
17 Charente-Maritime
18 Cher
19 Corrèze
2A Corse-du-Sud
2B Haute-Corse
21 Côte-d'Or
22 Côtes-d'Armor
23 Creuse
24 Dordogne

25 Doubs
26 Drôme
27 Eure
28 Eure-et-Loir
29 Finistère
30 Gard
31 Haute-Garonne
32 Gers
33 Gironde
34 Hérault
35 Ille-et-Vilaine
36 Indre
37 Indre-et-Loire
38 Isère
39 Jura
40 Landes
41 Loir-et-Cher
42 Loire
43 Haute-Loire
44 Loire-Atlantique
45 Loiret
46 Lot
47 Lot-et-Garonne
48 Lozère
49 Maine-et-Loire
50 Manche
51 Marne
52 Haute-Marne
53 Mayenne
54 Meurthe-et-Moselle
55 Meuse
56 Morbihan
57 Moselle
58 Nièvre
59 Nord
60 Oise
61 Orne
62 Pas-de-Calais
63 Puy-de-Dôme
64 Pyrénées-Atlantiques
65 Hautes-Pyrénées
66 Pyrénées-Orientales
67 Bas-Rhin
68 Haut-Rhin
69 Rhône
70 Haute-Saône
71 Saône-et-Loire
72 Sarthe
73 Savoie
74 Haute-Savoie
75 Paris (Hauptstadt)
76 Seine-Maritime
77 Seine-et-Marne
78 Yvelines
79 Deux-Sèvres
80 Somme
81 Tarn
82 Tarn-et-Garonne
83 Var
84 Vaucluse
85 Vendeé
86 Vienne
87 Haute-Vienne
88 Vosges
89 Yonne
90 Territoire-de-Belfort
91 Essonne
92 Hautes-de-Seine
93 Seine-Saint-Denis
94 Val-de-Marne
95 Val-d'Oise

Griechenland (GR)

Griechische Kennzeichen bestehen aus drei Buchstaben, denen eine vierstellige Zahlenkombination folgt. Die ersten beiden Buchstaben geben den Meldedistrikt an. In der folgenden Liste sind die jeweiligen Distrikthauptstädte in Klammern angegeben, sofern ihr Name nicht mit dem des zugehörigen Distrikts übereinstimmt.

AA Achäa (Patras)
AB Kavala
AE Lasithi/Kreta (Agios Nikolaos)
AH Xanthi
AI Agrinio
AK Lakonien (Sparta)
AM Phokis (Amfissa)
AN Lasithi/Kreta (Agios Nikolaos)
AO Achäa (Patras)
AP Argolis (Nauplion)
AT Arta
AX Achäa (Patras)
AY Achäa
AZ Achäa
BA Magnesia (Volos)
BB Magnesia
BE Piräus
BH Piräus
BI Böotien (Levadia)
BK Attika Ost
BM Attika Ost
BN Attika West
BO Magnesia (Volos)
BP Attika West
BT Magnesia (Volos)
BX Piräus
BY Böotien (Levadia)
BZ Piräus
EA Kos
EB Evros (Alexandroupolis)
EE Pella (Edessa)
EH Euböa (Chalkis)
EI Euböa
EM Kykladen (Ermoupolis)
EN Kykladen
EO Kykladen
EP Serres
ET Korfu
EX Kilkis
EY Lefkas
EZ Kykladen (Ermoupolis)
HA Elis (Pyrgos)
HB Athen (Hauptstadt)
HE Elis (Pyrgos)
HH Heraklion/Kreta
HI Heraklion/Kreta
HK Heraklion/Kreta
HM Imathia

HN Thesprotia (Igoumenitsa)
HO Xanthi
HP Heraklion/Kreta
HX Imathia
HY Phthiotis (Lamia)
HZ Heraklion/Kreta
IB Athen
IE Athen
IH Athen
II Ioannina
IK Athen
IM Athen
IN Ioannina
IO Athen
IP Athen
IT Athen
IX Serres
IY Athen
KA Karditsa
KB Kavala
KE Kephallonia (Argostoli)
KH Evritania (Karpenissi)
KI Kilkis
KK Rodhopi (Komotini)
KM Messenien (Kalamata)
KN Pieria (Katerini)
KO Rodhopi (Komotini)
KP Korinth
KT Kastoria
KX Kos
KY Korfu
KZ Kozani
MA Chalkidiki (Polygyros)
MB Samos
ME Ätolien-Akarnanien (Messolonghi)
MH Limnos (Myrina)
MI Phthiotis (Lamia)
MK Karditsa
MM Pella (Edessa)
MN Kozani
MO Samos
MP Lakonien (Sparta)
MT Lesbos (Mytilene)
MX Evros (Alexandroupolis)
MY Lesbos (Mytilene)
MZ Messenien (Kalamata)
NA Thessaloniki
NB Thessaloniki
NE Thessaloniki
NH Thessaloniki
NI Thessaloniki
NK Thessaloniki
NM Thessaloniki
NN Thessaloniki
NO Thessaloniki
NP Thessaloniki
NT Thessaloniki
NX Thessaloniki
NY Thessaloniki
NZ Thessaloniki
OA Athen
OB Athen
OE Athen
OH Athen
OI Athen
OK Athen
OM Athen
ON Athen, Drama
OO Athen
OP Orestiada
OT Athen
OX Athen
OY Athen

OZ Athen
PA Florina
PB Korinth
PE Rethymnon/Kreta
PH Rethymnon/Kreta
PI Larissa
PK Rhodos
PM Drama
PN Grevena
PO Dodekanes (Rhodos)
PP Larissa
PT Larissa
PX Dodekanes (Rhodos)
PY Dodekanes
PZ Preveza
TB Korfu
TE Korfu
TH Agrinio
TI Pieria (Katerini)
TK Trikala
TM Argolis (Nauplion)
TN Trikala
TO Drama
TP Arkadien (Tripoli)
TT Rodhopi (Komotini)
TX Preveza
TY Chania/Kreta
TZ Piräus
XA Euböa (Chalkis)
XB Chania/Kreta
XE Athen
XH Athen
XI Chios
XK Chalkidiki (Polygyros)
XM Athen
XN Chania/Kreta
XO Chios
XP Athen
XT Athen
XX Athen
XY Athen
XZ Athen
YA Athen
YB Athen
YE Athen
YH Athen
YI Piräus
YK Piräus
YM Piräus
YN Piräus
YO Attika Ost
YP Attika Ost
YT Attika Ost
YX Attika West
YY Attika West
YZ Athen
ZA Zakynthos
ZB Zakynthos
ZE Thessaloniki
ZH Athen
ZI Thessaloniki
ZK Athen
ZM Athen
ZN Piräus
ZO Thessaloniki
ZP Piräus
ZT Attika West
ZX Attika Ost
ZY Attika Ost

Großbritannien (GB)

Britische Autokennzeichen beginnen mit einem Buchstabenpaar, anhand dessen sich der Herkunftsort des Fahrzeugs bestimmen lässt. Danach folgen zwei Ziffern, die das Jahr der Erstzulassung angeben, und wieder drei Buchstaben. Dieses System wurde 2001 eingeführt. Am Fahrzeugheck montierte Nummernschilder sind gelb, vorne angebrachte Schilder weiß – die Schrift ist jeweils schwarz.

Vor 2001 ausgegebene britische Kennzeichen sind immer noch verbreitet. Sie setzten sich wie folgt zusammen: An einen einzelnen Buchstaben – er gibt in verschlüsselter Form das Jahr der Erstzulassung an – schließt unmittelbar ein bis zu dreistelliger Ziffernblock an; nach einem Zwischenraum folgt dann ein dreistelliger Buchstabenblock (z.B. W764 LRH). Die letzten beiden Lettern dieses Buchstabenblocks geben an, in welchem Bezirk ein Fahrzeug zugelassen ist. Die nachfolgenden Code-Listen beschränken sich auf das 2001 eingeführte Kennzeichensystem.

Erstzulassungs-Codes (ab 2001):

Jahr	März	September	Jahr	März	September
2001		**51**	2007	**07**	**57**
2002	**02**	**52**	...	**...**	**...**
2003	**03**	**53**	...	**...**	**...**
2004	**04**	**54**	2016	**16**	**66**
2005	**05**	**55**	2017	**17**	**67**
2006	**06**	**56**	2018	**18**	**68**

AA-AH	Peterborough
AJ-AN	Peterborough
AO-AP	Norwich
AS-AU	Norwich
AV-AY	Ipswich
BA-BH	Birmingham
BK-BP	Birmingham
BR-BY	Birmingham
CA-CH	Cardiff (Hauptstadt Wales)
CJ-CO	Cardiff
CP-CV	Swansea
CW-CY	Bangor
DA-DH	Chester
DJ-DK	Chester
DL-DP	Shrewsbury
DR-DY	Shrewsbury
EA-EH	Chelmsford
EJ-EP	Chelmsford
ER-EY	Chelmsford
FA-FH	Nottingham
FJ-FN	Nottingham
FP	Nottingham
FR-FT	Lincoln
FV-FY	Lincoln
GA-GH	Maidstone
GJ-GO	Maidstone
GP-GY	Brighton
HA-HH	Bournemouth
HJ	Bournemouth
HK-HP	Portsmouth
HR-HV	Portsmouth
HW	Isle of Wight
HX-HY	Portsmouth
KA-KH	Luton
KJ-KL	Luton
KM-KP	Northampton
KR-KY	Northampton
LA-LH	Wimbledon (London, Hauptstadt England)
LJ	Wimbledon
LK-LP	Stanmore (London)
LR-LT	Stanmore (London)
LU-LY	Sidcup (London)
MA-MH	Manchester
MJ-MP	Manchester
MR-MY	Manchester
NA-NH	Newcastle
NJ-NN	Newcastle
NP	Stockton
NR-NY	Stockton
OA-OH	Oxford
OJ-OP	Oxford
OR-OY	Oxford
PA-PH	Preston
PJ-PP	Preston
PR-PT	Preston
PU-PY	Carlisle
RA-RH	Reading
RJ-RP	Reading
RR-RY	Reading
SA-SH	Glasgow
SJ	Glasgow
SK-SO	Edinburgh (Hauptstadt Schottland)
SP	Dundee
SR-SU	Dundee
SV-SW	Aberdeen
SX-SY	Inverness
VA-VH	Worcester
VJ-VP	Worcester
VR-VY	Worcester
WA-WH	Exeter

WJ	Exeter	**YA-YH**	Leeds
WK-WL	Truro (Isles of Scilly)	**YJ-YK**	Leeds
WM-WN	Bristol	**YL-YP**	Sheffield
WP	Bristol	**YR-YU**	Sheffield
WR-WY	Bristol	**YV-YY**	Beverly (Hull)

Die Kennzeichen der **Isle of Man (GBM)** enthalten immer die beiden Buchstaben **MN**. Zudem verraten ein Schriftzug am Kopf des Nummernschildes sowie die Inselflagge am linken Schildrand die Fahrzeugherkunft. Seit 1987 beginnen die Kennzeichen mit **BMN, CMN, DMN,** usw. Dann folgen drei Ziffern und ein Endbuchstabe.

Auf den **Kanalinseln** sehen die Nummernschilder folgendermaßen aus:

Alderney (GBA): AY, gefolgt von 1 bis 4 Ziffern

Guernsey (GBG): reine Ziffernabfolge

Jersey (GBJ): J, gefolgt von 1 bis 5 Ziffern

In **Nordirland** gibt es ein eigenes Kennzeichensystem: Die Autokennzeichen bestehen aus drei Buchstaben, denen ein vierstelliger Zahlenblock folgt. Die beiden letzten Buchstaben geben den Zulassungsort an.

AZ	Belfast (Hauptstadt)	**IG**	Fermanagh
BZ	Down	**IJ**	Down
CZ	Belfast	**IL**	Fermanagh
DZ	Antrim	**IW**	Londonderry/Derry
EZ	Belfast	**JI**	Tyrone
FZ	Belfast	**JZ**	Down
GZ	Belfast	**KZ**	Antrim
HZ	Tyrone	**LZ**	Armagh
IA	Antrim	**MZ**	Belfast
IB	Armagh	**NZ**	Londonderry/Derry

OI Belfast
OZ Belfast
PZ Belfast
RZ Antrim
SZ Down
TZ Belfast
UI Londonderry/Derry
UZ Belfast
VZ Tyrone
WZ Belfast
XI Belfast
XZ Armagh
YZ Londonderry/Derry
ZU Belfast

Irland (IRL)

Auf irischen Kennzeichen stehen zuerst zwei Ziffern, danach folgt die Abkürzung der Stadt bzw. Grafschaft (ein bis zwei Buchstaben). Am Ende steht eine Registrierungsnummer. Die ersten beiden Zahlen geben das Zulassungsjahr an (z.B. 97 = 1997). Das Kürzel der Grafschaft bzw. Stadt leitet sich aus der englischen Bezeichnung ab, die gälische steht ausgeschrieben darüber.

C Cork
CE Clare
CN Cavan
CW Carlow
D Dublin (Hauptstadt)
DL Donegal
G Galway
KE Kildare
KK Kilkenny
KY Kerry
L Limerick (Stadt)
LD Longford
LH Louth
LK Limerick (Land)
LM Leitrim
LS Leix
MH Meath
MN Monaghan
MO Mayo
OY Offaly
RN Roscommon
SO Sligo
TN Tipperary North Riding
TS Tipperary South Riding
W Waterford (Stadt)
WD Waterford (Land)
WH Westmeath
WW Wicklow
WX Wexford

Island (IS)

Isländische Kennzeichen bestehen aus zwei Buchstaben und drei Ziffern. Sie werden fortlaufend vergeben und lassen keine Rückschlüsse auf den genauen Herkunftsort des Fahrzeugs zu. Hauptstadt: Reykjavík

Italien (I)

Noch heute sieht man in Italien viele Autos mit Nummernschildern, die vor 1994 ausgegeben wurden. Sie sind entweder schwarz mit weißer oder weiß mit schwarzer Aufschrift. Die ersten beiden früher in Orange gedruckten Buchstaben stehen für die Provinz, in der das Fahrzeug gemeldet ist. Danach folgt eine Kombination aus Zahlen und Buchstaben.

Seit der Einführung eines neuen Systems im Jahr 1994 lässt der Buchstaben-Ziffern-Code keine Rückschlüsse mehr auf die Herkunftsprovinz zu, Zahlen und Buchstaben werden landesweit fortlaufend vergeben. Bei Fahrzeugen mit Eurokennzeichen befindet sich jedoch am linken und rechten Rand des Nummernschildes eine blaue Banderole: Links ist darauf das Länderkennzeichen mit Sternenkranz abgebildet, rechts findet sich das Erstzulassungsjahr und häufig auch das Kürzel der Provinz, in der der Wagen gemeldet ist.

Sonderkennzeichen:

AM Aeronautica Militare (Luftwaffe)
CC Carabinieri (Polizei)

CD Corpo Diplomatico (Diplomatisches Korps)
CFS Corpo Forestale dello Stato (Forstbehörden)
CP Capitaneria di Porto (Küstenwache)
CRI Croce Rossa Italiana (Rotes Kreuz)
EE Escursionisti Esteri (Ausländer, ohne Wohnsitz in Italien)
EI Esercito Italiano (Militär)
G.d.F. Guardia di Finanza (Zoll)
MM Marina Militare (Marine)
VF Vigili del Fuoco (Feuerwehr)

AG Agrigento
AL Alessandria
AN Ancona
AO Valle d'Aosta (Aostatal)
AP Ascoli Piceno
AQ L'Aquila
AR Arezzo
AT Asti
AV Avellino
BA Bari
BG Bergamo
BI Biella
BL Belluno
BN Benevento
BO Bologna
BR Brindisi
BS Brescia
BT Barletta-Andria-Trani (ab 2009)
BZ Bozen
CA Cagliari
CB Campobasso
CE Caserta
CH Chieti
CI Carbonia-Iglesias
CL Caltanissetta
CN Cuneo
CO Como
CR Cremona
CS Cosenza
CT Catania
CZ Catanzaro
EN Enna
FE Ferrara
FG Foggia
FI Florenz (Firenze)
FM Fermo (ab 2009)
FO Forlì-Cesena
FR Frosinone
GE Genua (Genova)
GO Görz (Gorizia)
GR Grosseto
IM Imperia
IS Isernia
KR Crotone
LC Lecco
LE Lecce
LI Livorno

LO Lodi
LT Latina
LU Lucca
MB Monza e Brianza (ab 2009)
MC Macerata
MD Medio Campidano
ME Messina
MI Mailand (Milano)
MN Mantua (Mantova)
MO Modena
MS Massa-Carrara
MT Matera
NA Neapel (Napoli)
NO Novara
NU Nuoro
OG Ogliastra
OT Olbia-Tempio
OR Oristano
PA Palermo
PC Piacenza
PD Padua (Padova)
PE Pescara
PG Perugia
PI Pisa
PN Pordenone
PO Prato
PR Parma
PU Pesaro Urbino
PT Pistoia
PV Pavia
PZ Potenza
RA Ravenna
RC Reggio di Calabria
RE Reggio Emilia
RG Ragusa
RI Rieti
RN Rimini
RO Rovigo
RM Rom (Roma, Hauptstadt)
SA Salerno
SI Siena
SO Sondrio
SP La Spezia
SR Syrakus (Siracusa)
SS Sassari
SV Savona
TA Tarent (Taranto)
TE Teramo
TN Trient (Trento)
TO Turin (Torino)
TP Trapani
TR Terni
TS Triest (Trieste)
TV Treviso
UD Udine
VA Varese
VB Verbano-Cusio-Ossola
VC Vercelli
VE Venedig (Venezia)
VI Vicenza
VR Verona
VT Viterbo
VV Vibo Valentia

Kasachstan (KZ)

Kasachische Nummernschilder sind weiß mit schwarzen lateinischen Buchstaben und setzen sich wie folgt zusammen: ein Buchstabe, der Stadt oder Gebiet angibt, drei Ziffern und nochmals drei Buchstaben.

A Stadt Almaty
B Gebiet Almaty
C Gebiet Aqmola
D Gebiet Aqtöbe
E Gebiet Atyrau
F Gebiet Ostkasachstan
H Gebiet Schambyl
K Gebiet Qaraghandy (ehem. Schesqasghan, wird nicht mehr vergeben)
L Gebiet Westkasachstan
M Gebiet Qaraghandy
N Gebiet Qysylorda
O Gebiete Aqmola und Nordkasachstan (ehem. Kökschetau, wird nicht mehr vergeben)
P Gebiet Qostanai
R Gebiet Mangghystau
S Gebiet Pawlodar
T Gebiet Nordkasachstan
U Gebiet Ostkasachstan (ehem. Semei, wird nicht mehr vergeben)
V Gebiet Almaty (ehem. Taldyqorghan, wird nicht mehr vergeben)
W Gebiete Aqmola und Qostanai (ehem. Torghai, wird nicht mehr vergeben)
X Gebiet Südkasachstan
Z Stadt Astana (Hauptstadt)

Kosovo (RKS)

Die Nummernschilder des Kosovo sind in der Regel weiß mit schwarzer Aufschrift. Sie enthalten in Anlehnung an die Euro-Kennzeichen einen blauen Streifen am linken Rand mit den Buchstaben RKS. Eine darauf folgende zweistellige Nummer gibt die entsprechende Provinz an, vor dem kosovarischen Wappen. Dann folgen drei Ziffern und nach einem Strich zwei Buchstaben als fortlaufende Seriennummer.

01 Priština (Hauptstadt)
02 Kosovska Mitrovic
03 Peć
04 Prizren
05 Uroševac
06 Gnjilane

Kroatien (HR)

Auf kroatischen Kennzeichen geben die ersten beiden Buchstaben den Herkunftsort an. Darauf folgt eine Kombination aus Zahlen und Buchstaben, die durch einen Strich getrennt sind.

Sonderkennzeichen:
HV Hrvatska Voyska (Militär)

BJ Bjelovar
BM Beli Manastir
ČK Čakovec
DA Daruvar
DE Delnice
DJ Djakovo
DU Dubrovnik
GS Gospič
IM Imotski
KA Karlovac
KC Koprivnica
KR Krapina
KT Kutina
KŽ Križevci
MA Makarska
NA Nasice
NG Nova Gradiška
OG Ogulin
OS Osijek
PS Podravska Slatina
PU Pula
PZ Pozega
RI Rijeka
SB Slavonski Brod
ŠI Šibeník
SK Sisak
ST Split
VK Vinkovci
VT Virovitica
VU Vukovar
VŽ Varaždin
ZD Zadar
ZG Zagreb (Hauptstadt)
ŽU Županja

Lettland (LV)

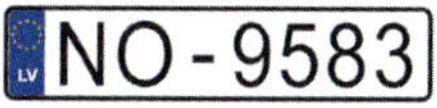

Die lettischen Kennzeichen bestehen aus zwei Buchstaben und einer Zahlenfolge. Eine regionale Zuordnung ist nicht möglich. Hauptstadt: Riga

Liechtenstein (FL)

Kennzeichen in Liechtenstein bestehen aus den Buchstaben FL (Fürstentum Liechtenstein) und einer Zahlenkombination, hinter der sich keine Regionalkennung verbirgt – im kleinen Fürstentum ist das auch nicht nötig. Hauptstadt: Vaduz

Litauen (LT)

Litauische Kennzeichen setzen sich aus einer Kombination von drei Buchstaben und drei Ziffern zusammen, die seit einigen Jahren nicht mehr auf die Fahrzeugherkunft schließen lässt. Bei älteren Kennzeichen konnte man an den mittleren Buchstaben des Buchstabenblocks den Herkunftsort ablesen. Hauptstadt: Vilnius

Luxemburg (L)

Kennzeichen aus Luxemburg bestehen aus einem maximal sechsstelligen Buchstaben-Ziffern-Code, der keine Auskunft über die Herkunft des Fahrzeugs gibt. Auf aktuellen Nummernschildern findet man in der Regel zwei Buchstaben vor einem Block aus vier Ziffern. Hauptstadt: Luxemburg

Malta (M)

Maltesische Nummernschilder bestehen aus drei Buchstaben und drei Zahlen, die nicht auf den Meldeort schließen lassen. Die Kennzeichen werden für ein Jahr ausgegeben. Hauptstadt: Valletta

Mazedonien (MK)

Bei mazedonischen Kennzeichen geben die ersten beiden Buchstaben an, aus welcher Stadt bzw. Gemeinde ein Fahrzeug stammt. Darauf folgen drei Zahlen und wieder zwei Buchstaben.

BT Bitola
GE Gevgelija
GV Gostivar
KA Kavadarci
KI Kičevo
KO Kočani
KP Kriva Palanka
KU Kumanovo
OH Ohrid
PP Prilep
RA Radoviš
SK Skopje (Hauptstadt)
SR Strumica
ŠT Štip
SU Struga
TE Tetovo
VE Veles

Moldau (Moldawien, MD)

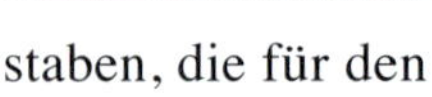

Moldawische Kennzeichen beginnen mit ein bis zwei Buchstaben, die für den Verwaltungsbezirk stehen, in dem ein Fahrzeug gemeldet ist. Danach folgen ein zweistelliger Buchstabenblock und davon abgetrennt drei weitere Ziffern.

AN Anenii Noi
BE Bender (Tighina)
BL Bălţi
BR Briceni
BS Basarabeasca
C Chişinău (Hauptstadt)
CH Cahul
CL Călăraşi
CM Cimişlia
CN Cainari
CR Criulen
CS Căuşeni
CT Cantemir
CU Chisinău
DB Dubăsari
DN Donduşeni
DR Drochia
ED Edinet
FL Fălesti
FR Floreşti
GE Gagausien
GL Glodeni
HN Hînçeşti
IL Ialoveni
K Chisinău
LV Leova
NS Nisporeni
OC Ocnita
OR Orhei
RS Rîşcani
RZ Resina
SD Ştoldăneşti
SG Sfintu Grigori
SR Soroca
ST Straşeni
SV Ştefan Voda
TG Bender (Tighina)
TL Teleneşti
TR Taraclia
UN Ungheni

Monaco (MC)

Monegassische Kennzeichen bestehen aus einer vierstelligen Kombination, wahlweise vier Ziffern oder ein Buchstabe gefolgt von drei Ziffern. Hauptstadt: Monaco-Ville

Montenegro (MNE)

2008 wurde in Montenegro ein eigenes Kfz-Kennzeichensystem eingeführt. Die Schilder halten sich in den Abmessungen an den europäischen Standard und zeigen am linken Rand ein blaues Feld mit dem Nationalitätszeichen Montenegros. Nach zwei Buchstaben, die den regionalen Code angeben, folgt das Wappen Montenegros. Dann folgen wieder zwei Buchstaben und drei Ziffern.

AN Andrijevica
BA Berane
BD Budva
BP Bijelo Polje
BR Bar
CT Cetinje
DG Danilovgrad
HN Herceg Novi
KL Kolašin
KO Kotor
MK Mojkovac
NK Nikšić
PG Podgorica (Hauptstadt)
PL Plav
PV Pljevlja
RO Rožaje
SN Šavnik
TV Tivat
UL Ulcinj
ŽB Žabljak

Niederlande (NL)

Niederländische Kennzeichen weisen eine Kombination aus sechs Buchstaben und Zahlen auf, die jeweils in Zweierpaaren stehen und durch Bindestriche getrennt sind. Diese Kombination lässt nicht auf den Zulassungsort schließen. Hauptstadt: Amsterdam

Norwegen (N)

Die beiden ersten Buchstaben eines norwegischen Kennzeichens geben Auskunft über die Herkunft des Wagens. Danach folgt eine vier- bis fünfstellige Zahlenkombination.

AD AE AF AH AR AS AT AU AV AW	Fredrikstad
AA AB AC	Halden
AX AY AZ BA BB	Moss
AJ AK AL AN AP FN BW	Mysen
DA DB DC DD DE DF DH DJ DK DL DN DP DR DS DT DU DV DX DY DZ EA EB EC ED EE EF EH EJ EK EN EP ER ES ET EU EV EX EY EZ	Oslo (Hauptstadt)
BL BN BP BR BS BT BU BV BX BY BZ CA CB	Asker und Bærum
BC BD BE BF BH BJ BK	Follo
CV CX CY CZ	Jessheim
CC CE CF CH CJ CK CL CN CP CR CS CT CU	Romerike
HB HC HD HE	Elverum
FS FT FU FV FX FY FZ HA	Hamar
HJ HK HL HN HP HR	Kongsvinger
HF HH	Tynset
JR JS JT	Fagernes
JC JD JE JF JH JJ JK JL JN JP KW	Gjøvik
HS HT HU HV HX FB	Lillehammer
HZ JA JB	Otta
KE KF KH KJ KK KL KN KP KR KS KW	Drammen
KB KC KD	Hallingdal
KT KU KV KX KY	Kongsberg
JU JV JX JY JZ KA	Ringerike
KZ LA LB LC LD	Horten
LS LT LU LV LX LZ NA NB NC	Larvik
LY	Sandefjord
LH LJ LK LL LN LP LR	Tønsberg
NV NX NY NZ	Notodden

PA PB	Rjukan
ND NE NF NH NJ NK NL NN NP NR NT NU	Skien
PC PD PE PF PH PJ PK	Arendal
PL LF	Setesdal
RA RB	Flekkefjord
PN PP PR PS PT PU PV	Kristiansand
PX PY PZ RC RD	Mandal
RZ SA SB	Egersund
SC SD SE SF SH SJ SK SL	Haugesund
RE RF RH RJ RK RL RN RP RR RS RT RU	
RV RX RY	Stavanger
SN SP SR SS ST SU SV SX SY SZ TA TB	
TC TD TE	Bergen
TS TT TU	Odda
TL TN TP TR	Stord
TF TH TJ TK	Voss
TV TX TY TZ	Førde
UA UB	Nordfjordeid
UC UD	Sogndal
UX UY UZ VA	Kristiansund
UR US UT UU UV	Molde
VB VC	Sunndalsøra
UN UP	Ørsta
UE UF UH UJ UK UL UG UW	Ålesund
XA XB XC	Brekstad
VX VY VZ	Orkdal
VT VS VU VV	Støren
VD VE VF VH VJ VK VL VN VP VR FP	Trondheim
XL XK	Levanger
XR XS XT XU	Namsos
XD XE XF XH XJ	Steinkjer
XN XP	Stjørdal
YE YF YH YJ FD	Bodø
YK YL	Fauske
YA YB YC YD	Mo i Rana
XV XX XY XZ FA	Mosjøen
YN YP YR YS	Narvik
YU YV YX	Sortland

YT YY	Svolvær
ZF ZD ZJ	Finnsnes
YZ ZA ZB	Harstad
FK	Storslett
ZE ZH ZK ZL ZN ZC FC	Tromsø
ALTA19 ZT ZU ZV ZY ZW	Finnmark
ZX	Hammerfest
ZS	Kirkenes
ZZ	Lakselv
ZP ZR FR LE	Vadsø

Polen (PL)

Autokennzeichen in Polen sind sieben- oder achtstellig und beginnen mit zwei bis drei Lettern, die den Zulassungsbezirk angeben. Zwei Buchstaben stehen für kreisfreie Städte, drei für Landkreise. Darauf folgt ein Zahlenblock, der weitere Buchstaben beinhalten kann (z.B. DW 6950E). Vor einigen Jahren wurden auch in Polen neue Eurokennzeichen eingeführt; die polnische Flagge im blauen Band am linken Schildrand wurde durch die europäische Flagge ersetzt.

Sonderkennzeichen:

HA Antikorruptionsbehörde
HB Innenministerium
HC Zollverwaltung
HK Inlandsgeheimdienst ABW
HP Polizei
HW Grenzschutz
SU Diplomatisches Korps
U Streitkräfte

BAU	Augustów
BBI	Bielsk Podlaski
BGR	Grajewo
BHA	Hajnówka
BI	Białystok-Stadt
BIA	Białystok-Kreis
BKL	Kolno
BL	Łomza-Stadt
BLM	Łomza-Kreis
BMN	Monki
BS	Suwałki-Stadt
BSE	Sejny
BSI	Siemiatyce
BSK	Sokólka
BSU	Suwałki-Kreis
BWM	Wysokie Mazowieckie
BZA	Zambrów
CAL	Aleksandrów Kujawski
CB	Bydgoszcz-Stadt
CBR	Brodnica
CBY	Bydgoszcz-Kreis
CCH	Chełmno nad Wisłą
CG	Grudziądz-Stadt
CGD	Golub-Dobrzyń
CGR	Grudziądz-Kreis
CIN	Inowrocław
CLI	Lipno
CMG	Mogilno
CNA	Nakło nad Notecią
CRA	Radziejów
CRY	Rypin
CSE	Sępólno-Krajeńskie
CSW	Świecie
CT	Toruń-Stadt (Thorn)
CTR	Toruń-Kreis
CTU	Tuchola
CW	Włocławek-Stadt
CWA	Wabrzezno
CWL	Włocławek-Kreis
CZN	Żnin
DB	Wałbrzych-Stadt (Waldenburg)
DBA	Wałbrzych-Kreis
DBL	Bolesławiec
DDZ	Dżierżoniów
DGL	Głogów
DGR	Góra
DJ	Jelenia Góra-Stadt
DJA	Jawor
DJE	Jelenia Góra-Kreis
DKA	Kamienna Góra
DKL	Kłodzko
DL	Legnica-Stadt (Liegnitz)
DLB	Lubań
DLE	Legnica-Kreis
DLU	Lubin
DLW	Lwówek Śląski
DMI	Milicz
DOA	Oława
DOL	Oleśnica
DPL	Polkowice
DSR	Środa Śląska
DST	Strzelin
DSW	Świdnica
DTR	Trzebnica
DW	Wrocław-Stadt
DWL	Wołów
DWR	Wrocław-Kreis
DZA	Ząbkowice Śląskie
DZG	Zgorzelec
DZL	Złotoryja
EBE	Bełchatów

EBR	Brzeziny
EKU	Kutno
EL	Łódź-Stadt
ELA	Łask
ELC	Łowicz
ELE	Łęczyca
ELW	Łódź-Kreis
EOP	Opoczno
EP	Piotrków Trybunalski-Stadt
EPA	Pabianice
EPD	Poddębice
EPI	Piotrków Trybunalski-Kreis
EPJ	Pajeczno
ERA	Radomsko
ERW	Rawa Mazowiecka
ES	Skierniewice-Stadt
ESI	Sieradz
ESK	Skierniewice-Kreis
ETM	Tomaszów Mazowiecki
EWE	Wieruszów
EWI	Wieluń
EZD	Zduńska Wola
EZG	Zgierz
FG	Gorzów Wielkopolski-Stadt (Landsberg/Warthe)
FGW	Gorzów Wielkopolski-Kreis
FKR	Krosno Odrzańskie
FMI	Międzyrzecz
FNW	Nowa Sól
FSD	Strzelecko-Drezdenecki
FSL	Słubice
FSU	Sulęcin
FSW	Świebodzin
FZ	Zielona Góra-Stadt (Grünberg)
FZA	Żary
FZG	Żagań
FZI	Zielona Góra-Kreis
GA	Gdynia
GBY	Bytów
GCH	Chojnice
GCZ	Człuchów
GD	Gdańsk-Stadt (Danzig)
GDA	Gdańsk-Kreis
GKA	Kartuzy
GKS	Kościerzyna
GKW	Kwidzyn
GLE	Lębork
GMB	Malbork
GND	Nowy Dwór Gdański
GPU	Puck
GS	Słupsk-Stadt
GSL	Słupsk-Kreis
GSP	Sopot
GST	Starogard Gdański
GTC	Tczew
GWE	Wejherowo
KBC	Bochnia
KBR	Brzesko
KCH	Chrzanów
KDA	Dąbrowa Tarnowska
KGR	Gorlice
KLI	Limanowa
KMI	Miechów
KMY	Myślenice
KN	Nowy Sącz-Stadt
KNS	Nowy Sącz-Kreis
KNT	Nowy Targ

KOL	Olkusz
KOS	Oświęcim
KPR	Proszowice
KR	Kraków-Stadt (Krakau)
KRA	Kraków-Kreis
KSU	Sucha Beskidzka
KT	Tarnów-Stadt
KTA	Tarnów-Kreis
KTT	Tatrzański
KWA	Wadowice
KWI	Wieliczka
LB	Biała Podlaska-Stadt
LBI	Biała Podlaska-Kreis
LBL	Bilgoraj
LC	Chełm-Stadt
LCH	Chełm-Kreis
LHR	Hrubieszów
LJA	Janów Lubelski
LKR	Kraśnik
LKS	Krasnystaw
LLB	Lubartów
LLE	Łęczna
LLU	Łuków
LOP	Opole Lubelskie
LPA	Parczew
LPU	Puławy
LRA	Radzyń Podlaski
LRY	Ryki
LSW	Świdnik
LTM	Tomaszów Lubelski
LU	Lublin-Stadt
LUB	Lublin-Kreis
LWL	Włodawa
LZ	Zamość-Stadt
LZA	Zamość-Kreis
NBA	Bartoszyce
NBR	Braniewo
NDZ	Działdowo
NE	Elbląg-Stadt
NEB	Elbląg-Kreis
NEL	Ełk
NGI	Giżycko
NIL	Iława
NKE	Kętrzyn
NLI	Lidzbark Warmiński
NMR	Mrągowo
NNI	Nidzica
NNM	Nowe Miasto Lubawskie
NO	Olsztyn-Stadt
NOG	Olecko-Gołdapski
NOL	Olsztyn-Kreis
NOS	Ostróda
NPI	Pisz
NSZ	Szczytno
OB	Brzeg
OGL	Głubczyce
OK	Kędzierzyn-Koźle
OKL	Kluczbork
OKR	Krapkowice
ONA	Namysłów
ONY	Nysa
OOL	Olesno
OP	Opole-Stadt
OPO	Opole-Kreis
OPR	Prudnik
OST	Strzelce Opolskie
PCH	Chodzież
PCT	Czarnkowsko-Trzcianecki
PGN	Gniezno
PGO	Grodzisk Wielkopolski

PGS	Gostyń
PJA	Jarocin
PK	Kalisz-Stadt
PKA	Kalisz-Kreis
PKE	Kępno
PKL	Koło
PKN	Konin-Kreis
PKO	Konin-Stadt
PKR	Krotoszyn
PKS	Kościan
PL	Leszno-Stadt
PLE	Leszno-Kreis
PMI	Międzychód
PN	Konin-Stadt
PNT	Nowy Tomyśl
PO	Poznań-Stadt (Posen)
POB	Oborniki
POS	Ostrów Wielkopolski
POT	Ostrzeszów
POZ	Poznań-Kreis
PP	Piła
PPL	Pleszew
PRA	Rawicz
PSE	Srem
PSL	Słupca
PSR	Środa Wielkopolska
PSZ	Szamotuły
PTU	Turek
PWA	Wągrowiec
PWL	Wolsztyn
PWR	Września
PZ	Poznań-Kreis
PZL	Złotów
RBI	Bieszczadzki
RBR	Brzozów
RDE	Dębica
RJA	Jarosław
RJS	Jasło
RK	Krosno-Stadt
RKL	Kolbuszowa
RKR	Krosno-Kreis
RLA	Łańcut
RLE	Leżajsk
RLU	Lubaczów
RMI	Mielec
RNI	Nisko
RP	Przemyśl-Stadt
RPR	Przemyśl-Kreis
RPZ	Przeworsk
RRS	Ropczycko-Sedziszówski
RSA	Sanok
RSR	Strzyżów
RST	Stalowa Wola
RT	Tarnobrzeg-Stadt
RTA	Tamobrzeg-Kreis
RZ	Rzeszów-Stadt
RZE	Rzeszów-Kreis
SB	Bielsko-Biała-Stadt
SBE	Będzin
SBI	Bielsko-Biała-Kreis
SBL	Bieruń-Lędziny/ Tychy-Kreis
SC	Częstochowa-Stadt
SCI	Cieszyn
SCZ	Częstochowa-Kreis
SD	Dąbrowa Górnicza
SG	Gliwice-Stadt (Gleiwitz)
SGL	Gliwice-Kreis
SH	Chorzów
SI	Siemianowice Śląskie
SJ	Jaworzno
SJZ	Jastrzębie-Zdrój

SK	Katowice
SKL	Kłobuck
SLU	Lubliniec
SM	Mysłowice
SMI	Mikołów
SMY	Myszków
SO	Sosnowiec
SPI	Piekary Śląskie
SPS	Pszczyna (Pless)
SR	Rybnik-Stadt
SRB	Rybnik-Kreis
SRC	Racibórz
SRS	Ruda Śląska
ST	Tychy-Stadt
STA	Tarnowskie Góry
STY	Tychy-Kreis/ Bieruń -Lędziny
SW	Świętochłowice
SWD	Wodzisław Śląskie
SY	Bytom
SZ	Zabrze
SZA	Zawiercie
SZO	Żory
SZY	Żywiec
TBU	Busko-Zdrój
TJE	Jędrzejów
TK	Kielce-Stadt
TKA	Kazimierza Wielka
TKI	Kielce-Kreis
TKN	Końskie
TLW	Włoszczowa
TOP	Opatów
TOS	Ostrowiec Świętokrzyski
TPI	Pińczów
TSA	Sandomierz
TSK	Skarżysko-Kamienna
TST	Starachowice
TSZ	Staszów
WA	Warszawa (Warschau, Hauptstadt)
WB	Warszawa
WBR	Białobrzegi
WCI	Ciechanów
WD	Warszawa (Warschau)
WE	Warszawa
WF	Warszawa
WG	Garwolin
WGM	Grodzisk Mazowiecki
WGR	Grójec
WGS	Gostynin
WH	Warszawa (Warschau)
WI	Warszawa
WJ	Warszawa
WK	Warszawa
WKZ	Kozienice
WL	Legionowo
WLI	Lipsko
WLS	Łosice
WM	Mińsk Mazowieckie
WMA	Maków Mazowieckie
WML	Mława
WN	Warszawa (Warschau)
WND	Nowy Dwór Mazowiecki
WO	Ostrołęka-Stadt
WOR	Ostrów Mazowiecka
WOS	Ostrołęka-Kreis

WOT	Otwock
WP	Płock-Stadt
WPI	Piaseczno
WPL	Płock-Kreis
WPN	Płońsk
WPR	Pruszków
WPU	Pułtusk
WPY	Przysucha
WPZ	Przasnysz
WR	Radom-Stadt
WRA	Radom-Kreis
WS	Siedlce-Stadt
WSC	Sochaczew
WSE	Sierpc
WSI	Siedlce-Kreis
WSK	Sokołów Podlaski
WSZ	Szydłowiec
WT	Warszawa (Warschau)
WU	Warszawa
WW	Warszawa
WWE	Węgrów
WWL	Wołomin
WWY	Wyszków
WX	Warszawa (Warschau)
WY	Warszawa
WZ	Warszawa
WZU	Żuromin
WZW	Zwoleń
WZY	Żyrardów
ZBI	Białogard
ZCH	Choszczno
ZDR	Drawsko Pomorskie
ZGL	Goleniów
ZGR	Gryfino
ZGY	Gryfice
ZK	Koszalin-Stadt
ZKA	Kamień Pomorski
ZKL	Kołobrzeg
ZKO	Koszalin-Kreis
ZLO	Łobez
ZMY	Myślibórz
ZPL	Police
ZPY	Pyrzyce
ZS	Szczecin (Stettin)
ZSD	Świdwin
ZSL	Sławno
ZST	Stargard Szczeciński
ZSW	Świnoujście
ZSZ	Szczecinek
ZWA	Wałcz

Portugal (P)

In Portugal bestehen die Autokennzeichen in der Regel aus einer sechsstelligen, in Zweierpaare gegliederten Kette aus Buchstaben und Zahlen. Sie gibt keine Auskunft über die Herkunft des Fahrzeugs. Seit 2005 bildet der Buchstabenblock den mittleren Teil des Kennzeichens, er wird links und rechts von den beiden Ziffernblöcken eingerahmt. Die Schilder sind weiß mit schwarzer Schrift. Am linken Rand ist das Europaband, am rechten ein gelbes Feld mit Erstzulassungsjahr und -monat abgebildet. Bei Lastwagen steht eine Kombination aus ein bis zwei Lettern und einer bis zu sechsstelligen Zahl auf dem Nummernschild. Hauptstadt: Lissabon

Rumänien (RO)

Rumänische Kennzeichen beginnen mit einem oder zwei Buchstaben, die den Herkunftsbezirk angeben. Danach folgt eine Kombination aus Zahlen und Buchstaben. In der folgenden Liste stehen in Klammern die Namen der Bezirkshauptstädte, sofern sie von denen der Bezirke abweichen.

AB Alba (Alba Iulia/Karlsburg)
AG Argeş (Piteşti)
AR Arad
B Bukarest (Hauptstadt)
BC Bacău
BH Bihor (Oradea)
BN Bistrița-Năsăud (Bistrița)
BR Brăila
BT Botoşani
BV Braşov/Kronstadt
BZ Buzău
CJ Cluj (Cluj-Napoca/Klausenburg)
CL Călăraşi
CS Caraş-Severin (Reşița)
CT Constanța
CV Covasna (Sfântu Gheorghe)
DB Dâmbovița (Târgovişte)
DJ Dolj (Craiova)
GJ Gorj (Târgu Jiu)
GL Galați
GR Giurgiu
HD Hunedoara (Deva/Diemrich)
HR Harghita (Miercurea Ciuc)
IL Ialomița (Slobozia)
IF Ilfov (Buftea)
IS Iaşi/Jassy
MH Mehedinți (Drobeta-Turnu Severin)
MM Maramureş (Baia Mare)

MS Mureş (Târgu Mureş/ Neumarkt)
NT Neamţ (Piatra Neamţ)
OT Olt (Slatina)
PH Prahova (Ploieşti)
SB Sibiu/ Hermannstadt
SJ Sălaj (Zalău)
SM Satu Mare
SV Suceava
TL Tulcea
TM Timiş (Timişoara/ Temeschwar)
TR Teleorman (Alexandria)
VL Vâlcea (Râmnicu Vîlcea)
VN Vrancea (Focşani)
VS Vaslui

Russische Föderation (RUS)

Die Buchstaben-Zahlen-Kombination sagt nichts über den Meldeort des Fahrzeugs aus. Eine zwei- bis dreistellige Zahl am rechten Rand des Nummernschildes gibt allerdings den Distrikt an, in dem das Auto registriert ist.

01 Adygeja
02 Baschkortostan
03 Burjatien
04 Altai
05 Dagestan
06 Inguschetien
07 Kabardino-Balkarien
08 Kalmykien
09 Karatschaji-Tscherkessien
10 Karelien
11 Komi
12 Mari El
13 Mordowinien
14 Jakutien (Sacha)
15 Nordossetien
16 Tatarstan
17 Tuwa
18 Udmurtien
19 Chakassien
20 Tschetschenien
21 Tschuwaschien
22 Altai
23 Krasnodar
24 Krasnojarsk
25 Primorje
26 Stawropol
27 Chabarowsk
28 Amur
29 Archangelsk
30 Astrachan
31 Belgorod
32 Brjansk
33 Wladimir
34 Wolgograd
35 Wologda

36 Woronesch
37 Iwanowo
38 Irkutsk
39 Kaliningrad (Königsberg)
40 Kaluga
41 Kamtschatka
42 Kemerowo
43 Kirow
44 Kostroma
45 Kurgan
46 Kursk
47 St. Petersburg
48 Lipezk
49 Magadan
50 Moskau-Umland
51 Murmansk
52 Nischni Nowgorod
53 Nowgorod
54 Nowosibirsk
55 Omsk
56 Orenburg
57 Orlow
58 Pensa
59 Perm
60 Pskow
61 Rostow
62 Rjasan
63 Samara
64 Saratow
65 Sachalin
66 Swerdlowsk
67 Smolensk
68 Tambow
69 Tweri
70 Tomsk
71 Tula
72 Tjumen
73 Uljanowsk
74 Tscheljabinsk
75 Tschitinsk
76 Jaroslawl
77 Moskau-Stadt (Hauptstadt)
78 St. Petersburg-Stadt
79 Jüdische Autonome Republik
80 Aginischer Burjatischer Autonomer Kreis
81 Komi-Permatskischer Autonomer Kreis
82 Korjakskischer Autonomer Kreis
83 Nenezkischer Autonomer Kreis
84 Taimyrskischer Autonomer Kreis
85 Ustj-Ordinischer Burjatischer Autonomer Kreis
86 Chanty-Mansijskij Autonomer Kreis
87 Tschukotskischer Autonomer Kreis
88 Ewenkiskischer Autonomer Kreis
89 Jamalo-Nenezkischer Autonomer Kreis
90 Moskau-Umland
91 Gebiet Kaliningrad
92 Gebiet Archangelsk
93 Region Krasnodar
94 Gebiete und Einsatzorte außerhalb Russlands, die unter russischer Verwaltung stehen
95 Republik Tschetschenien

96 Swerdlowsk
97 Moskau-Stadt
98 Stadt Sankt Petersburg
99 Moskau-Stadt
102 Baschkortostan
105 Republik Dagestan
113 Republik Mordwinien
116 Tatastan
121 Republik Tschuwaschien
123 Region Krasnodar
124 Region Krasnojarsk
125 Primorje
129 Gebiet Archangelsk
136 Gebiet Woronesch
142 Gebiet Kemerowo
150 Moskau-Umland
152 Nischni Nowgorod
154 Gebiet Nowosibirsk
159 Region Perm
161 Rostow
163 Samara
164 Saratow
173 Gebiet Uljanowsk
174 Gebiet Tscheljabinsk
177 Moskau-Stadt
178 Stadt Sankt Petersburg
190 Gebiet Moskau
197 Stadt Moskau
198 Stadt Sankt Petersburg
199 Stadt Moskau

San Marino (RSM)

Autokennzeichen in San Marino setzen sich aus einer unspezifischen Zahlen-Buchstaben-Kombination zusammen. Hauptstadt: San Marino Città

Schweden (S)

Schwedische Kennzeichen bestehen aus drei Buchstaben und drei Ziffern, die keine regionale Zuordnung ermöglichen. Hauptstadt: Stockholm

Serbien (SRB)

Serbiens Kennzeichen sind nach europäischem Standard in der Einheitsgröße 520 x110 mm. Die Schilder zeigen zunächst zwei Buchstaben des Zulassungsbezirks, gefolgt vom Landeswappen. Darunter erscheint das Zulassungsbezirkskürzel in kyrillischer Schrift. Dann folgen drei Ziffern und zwei Buchstaben. Am linken Rand befindet sich ein blauer Balken, auf welchem das Länderkürzel SRB zu sehen ist. Dieser blaue Rand kann gegebenenfalls durch die zwölf europäischen Sterne erweitert werden, falls Serbien Mitglied der EU wird.

AL Aleksinac
AR Aranđelovac
BČ Bečej
BČ Bogatič
BG Belgrad (Hauptstadt)
BO Bor
BP Bačka Palanka
BT Bačka Topola
BU Bujanovac
ČA Čačak
ČU Cuprija
ĐA Đakovica
DE Despotovac
GL Gnjilane
GM Gornji Milanovac
IC Ivanjica
IN Inđija
JA Jagodina
KA Kanjiža
KG Kragujevac
KI Kikinda
KL Kladovo
KM Kosovska Mitrovica
KO Kotor
KŠ Kruševac
KV Kraljevo
KŽ Knjaževac
LB Lebane
LE Leskovac
LO Loznica
LU Lučani
NG Negotin
NI Niš
NV Nova Varoš
NP Novi Pazar
NS Novi Sad
PA Pančevo
PB Priboj
PE Peć
PI Pirot
PK Prokuplje
PN Paraćin
PO Požarevac
PP Prijepolje

PR Priština
PT Petrovac na Mlavi
PZ̧ Prizren
PŽ Požega
RA Raška
RU Ruma
ŞA Şenta
ŠA Šabac
SJ Sjenica
ŞD Şmederevo
ŠI Šid
SM Sremska Mitrovica
SO Sombor
SP Smederevska Palanka
ST Stara Pazova
SU Subotica
SV Svetozarevo
TO Topola
TS Trstenik
UB Ub
UE Užice
UR Uroševac
VA Valjevo
VB Vrnjačka Banja
VL Vlasotince
VP Velika Plana
VR Vranje
VŞ Vrbas
VŠ Vršac
ZA Zaječar
ZR Zrenjanin

Slowakei (SK)

Die ersten beiden Buchstaben slowakischer Kennzeichen geben den Herkunftsdistrikt an, danach folgt eine fünfstellige Kombination aus Ziffern und Buchstaben.

BA Bratislava-Stadt (Hauptstadt)
BB Banská Bystrica (Neusohl)
BC Banská Bystrica
BH Bratislava-Land
BJ Bardejov (Bartfeld)
BL Bratislava-Stadt
BN Bánovce nad Bebravou
BR Brezno
BS Banská Štiavnica
BT Bratislava-Land
BY Bratislava-Land
CA Čadca (Tschadsa)
DK Dolný Kubín (Unterkubin)
DS Dunajská Streda (Niedermarkt)
DT Detva
GA Galanta
GL Gelnica
HC Hlohovec
HE Humenné
IL Ilava
KA Krupina
KE Košice-Stadt (Kaschau)

KI Košice-Stadt
KK Keûmarok
KM Kysucké Nové Město
KO Komárno (Komorn)
KS Košice-Land
LC Lučenec (Lizenz)
LE Levoča
LM Liptovský Mikuláš (Liptau-St-Nikolaus)
LV Levice (Lewenz)
MA Malacky
MI Michalovce (Grossmichl)
ML Medzilaborce
MT Martin
MY Myjava
NI Nitra (Neutra)
NM Nové Město nad Váhom
NO Namestovo
NR Nitra (Neutra)
NZ Nové Zámky (Neuhäusel)
PB Povaûská Bystrica
PD Prievidza (Priwitz)
PE Partizánske
PK Pezinok
PN Pieštány
PO Prešov (Preschau)
PP Poprad (Deutschendorf)
PT Poltár
PU Púchov
PV Prešov
PX Považská Bystrica (Waagbistritz)
RA Revúca
RK Ružomberok (Rosenberg)
RS Rimavská Sobota (Grosssteffelsdorf)
RV Rožňava (Rosenau)
SA Šal'a
SB Sabinov
SC Senec (Wartberg)
SE Senica (Senitz)
SI Skalica
SK Svidník
SL Stará Lubovňa (Altlublau)
SN Spišská Nová Ves (Zipser Neudorf)
SO Sobrance
SP Stropkov
SV Snina
TC Trenčin (Trentschin)
TN Trenčín
TO Topoľčany (Topoltschan)
TR Turčianske teplice
TS Tvrdošín
TT Trnava (Tyrnau)
TV Trebišov (Trebischau)
VK Veľký Krtíš
VT Vranov nad Topl'ou (Vronau an der Töpl)
ZA Žilina (Sillein)
ZC Žarnovica
ZH Žiar nad Hronom (Heiligenkreuz)
ZI Žilina (Sillein)
ZM Zlaté Moravce
ZV Zvolen (Altsohl)

Slowenien (SLO)

Slowenische Kennzeichen beginnen mit zwei Buchstaben, die den Zulassungsbezirk angeben. Danach folgt eine Kombination aus Zahlen und Buchstaben.

CE Celje (Cilli)
GO Nova Gorica
KK Krško (Gurkfeld)
KP Koper (ital. Capodistria)
KR Kranj (Krainburg)
LJ Ljubljana (Laibach, Hauptstadt)
MB Maribor (Marburg an der Drau)
MS Murska Sobota (Olsnitz)
NM Novo Mesto (Rudolfswert)
PO Postojna (Adelsberg)
SG Slovenj Gradec (Windischgraz)

Spanien (E)

An spanischen Autokennzeichen kann man seit einer Systemumstellung im Jahr 2000 nicht mehr erkennen, woher ein Fahrzeug stammt. Sie beginnen mit einer vierstelligen Zahl, auf die drei Buchstaben folgen (von AAA bis ZZZ landesweit durchnummeriert). Bei älteren Kennzeichen stehen die Buchstaben noch vor dem Ziffernblock und geben die Provinz an, in der ein Wagen gemeldet ist.

Sonderkennzeichen:

CME Cuerpo Mossos d'Esquadra (Katalanische Polizei)
CNP Cuerpo Nacional de Policía (Nationalpolizei)
DGP Dirección General de la Policía (Spanische Polizei)

E Ertzaintza (Polizei des Baskenlandes)
EA Ejército del Aire (Luftwaffe)
ET Ejército Tierra (Heer)
FAE Fuerzas Aliadas en España (Fahrzeuge des spanischen NATO-Hauptquartiers)
FN Fuerzas Navales (Marine)
MF Ministerio del Fomento (Bau- und Verkehrsministerium)
MMA Ministerio del Medio Ambiente (Landwirtschafts- und Umweltministerium)
PGC Parque Guardia Civil (Fuhrpark der Guardia Civil)
PME Parque Móvil del Estado (Staatlicher Fuhrpark)
PMM Parque Móvil Ministerios (Fuhrpark der Ministerien)
PTT Correos y Telégrafos (Post)

A Alicante
AB Albacete
AL Almería
AV Ávila
B Barcelona
BA Badajoz
BI Bilbao (Vizcaya)
BU Burgos
C Coruña
CA Cádiz
CC Cáceres
CE Ceuta
CO Córdoba
CR Ciudad Real
CS Castellón de la Plana
CU Cuenca
GC Gran Canaria
GI Girona
GR Granada
GU Guadalajara
H Huelva
HU Huesca
IB Islas Baleares
J Jaén
L Lérida
LE León
LO Logroño (La Rioja)
LU Lugo
M Madrid (Hauptstadt)
MA Málaga
ML Melilla
MU Murcia
NA Navarra
O Oviedo (Asturien)

OU Ourense
P Palencia
PO Pontevedra
S Kantabrien (Santander)
SA Salamanca
SE Sevilla
SG Segovia
SO Soria
SS Donostia-San Sebastián (Guipúzcoa)
T Tarragona
TE Teruel
TF Tenerife
TO Toledo
V Valencia
VA Valladolid
VI Vitoria (Álava)
Z Zaragoza
ZA Zamora

Tschechische Republik (CZ)

Tschechische Kennzeichen bestehen seit einigen Jahren aus einer Buchstaben-Zahlen-Kombination, die in zwei Blöcke unterteilt ist. Der mittlere Buchstabe des ersten Zeichenblocks gibt die Herkunftsregion an.

A Praha (Prag, Hauptstadt)
B Brno (Brünn)
C České Budějovice (Budweis)
E Pardubice (Pardubitz)
H Hradec Králové (Königgrätz)
J Jihlava (Iglau)
K Karlovy Vary (Karlsbad)
L Liberec (Reichenberg)
M Olomouc (Olmütz)
P Plzeň (Pilsen)
S Středočeský kraj (Mittelböhmische Region)
T Ostrava (Ostrau)
U Ústí nad Labem (Aussig an der Elbe)
Z Zlín

Türkei (TR)

Türkische Autokennzeichen beginnen mit einer zweistelligen Zahl, auf die eine fünf- bis sechsstellige Buchstaben-Zahlen-Kombination folgt. Anhand der ersten beiden Ziffern kann man die Provinz erkennen, in der das Fahrzeug gemeldet ist.

01 Adana
02 Adıyaman
03 Afyonkarahisar
04 Ağrı
05 Amasya
06 Ankara (Hauptstadt)
07 Antalya
08 Artvın
09 Aydın
10 Balıkesir
11 Bilecik
12 Bingöl
13 Bitlis
14 Bolu
15 Burdur
16 Bursa
17 Çanakkale
18 Çankırı
19 Çorum
20 Denizli
21 Diyarbakır
22 Edirne
23 Elazığ
24 Erzincan
25 Erzurum
26 Eskişehir
27 Gaziantep
28 Giresun
29 Gümüşhane
30 Hakkari
31 Hatay
32 Isparta
33 Mersin
34 Istanbul
35 Izmir
36 Kars
37 Kastamonu
38 Kayseri
39 Kırklareli
40 Kırşehir
41 Kocaeli
42 Konya
43 Kütahya
44 Malatya
45 Manisa
46 Kahramanmaraş
47 Mardin
48 Muğla
49 Muş
50 Nevşehir
51 Niğde
52 Ordu
53 Rize
54 Sakarya
55 Samsun
56 Siirt
57 Sinop
58 Sivas
59 Tekirdağ
60 Tokat
61 Trabzon
62 Tunceli
63 Şanlıurfa
64 Uşak
65 Van
66 Yozgat
67 Zonguldak
68 Aksaray
69 Bayburt
70 Karaman

71 Kırıkkale
72 Batman
73 Şırnak
74 Bartın
75 Ardahan
76 Iğdır
77 Yalova
78 Karabük
79 Kilis
80 Osmaniye
81 Düzce

Ukraine (UA)

Im Jahr 2004 wurde in der Ukraine ein neues Kennzeichensystem eingeführt: Aktuelle Nummernschilder haben am linken Rand einen zweigeteilten farbigen Balken; im oberen, hellblau hinterlegten Feld ist das ukrainische Nationalwappen abgedruckt, darunter auf gelbem Grund das Nationalkürzel **UA**. Der alphanumerische Code beginnt mit einem Buchstabenpaar, das die Herkunft des Fahrzeugs angibt. Danach folgen vier Ziffern und zwei Buchstaben. In der folgenden Liste sind Hauptstädte, sofern sich ihre Namen von denen der zugehörigen Bezirke unterscheiden, in Klammern angegeben.

HA seit 2013 **BA** seit 2004
Verwaltungsbezirk Kirowohrad

HB seit 2013 **BB** seit 2004
Verwaltungsbezirk Luhansk

HC seit 2013 **BC** seit 2004
Verwaltungsbezirk Lwiw (Lemberg)

HE seit 2013 **BE** seit 2004
Verwaltungsbezirk Mykolajiw

HH seit 2013 **BH** seit 2004
Verwaltungsbezirk Odessa

HI seit 2013 **BI** seit 2004
Verwaltungsbezirk Poltawa

HK seit 2013 **BK** seit 2004
Verwaltungsbezirk Riwne

HM seit 2013 **BM** seit 2004
Verwaltungsbezirk Sumy

HO seit 2013 **BO** seit 2004 Verwaltungsbezirk Ternopil
HT seit 2013 **BT** seit 2004 Verwaltungsbezirk Cherson
HX seit 2013 **BX** seit 2004 Verwaltungsbezirk Chmelnyzkyj
IA seit 2013 **CA** seit 2004 Verwaltungsbezirk Tscherkassy
IB seit 2013 **CB** seit 2004 Verwaltungsbezirk Tschernihiw
IE seit 2013 **CE** seit 2004 Verwaltungsbezirk Tscherniwzi (Czernowitz)
KA seit 2013 **AA** seit 2004 Stadt Kyjiw auch Kiew geschrieben (Hauptstadt)
KB seit 2013 **AB** seit 2004 Verwaltungsbezirk Winnyzja
KC seit 2013 **AC** seit 2004 Verwaltungsbezirk Wolyn
KE seit 2013 **AE** seit 2004 Verwaltungsbezirk Dnipropetrowsk
KH seit 2013 **AH** seit 2004 Verwaltungsbezirk Donezk
KI seit 2013 **AI** seit 2004 Verwaltungsbezirk Kyjiw
KM seit 2013 **AM** seit 2004 Verwaltungsbezirk Schytomyr
KO seit 2013 **AO** seit 2004 Verwaltungsbezirk Transkarpatien
KP seit 2013 **AP** seit 2004 Verwaltungsbezirk Saporischschja
KT seit 2013 **AT** seit 2004 Verwaltungsbezirk Iwano-Frankiwsk
KX seit 2013 **AX** seit 2004 Verwaltungsbezirk Charkiw
KK seit 2013 **AK** seit 2004 Autonome Republik Krim (Kennzeichen wird nach der russischen Annexion nicht mehr verwendet)
ICH seit 2013 **CH** seit 2004 Stadt Sewastopol (Kennzeichen wird nach der russischen Annexion nicht mehr verwendet)

Ungarn (H)

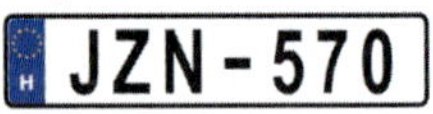

Die Kombination aus drei Buchstaben und drei Zahlen auf ungarischen Kennzeichen wird fortlaufend vergeben und

lässt nicht auf den Meldeort eines Fahrzeugs schließen.
Hauptstadt: Budapest

Vatikanstadt (V)

Privatfahrzeuge haben hier das Kennzeichen **CV** (Città del Vaticano) gefolgt von einer Seriennummer. Die Dienstfahrzeuge des Vatikans sind mit **SCV** (Stato della Città del Vaticano) und einer Nummer gekennzeichnet. Das „Papamobil" des Papstes trägt die Kennung **SCV1**.

Weißrussland (BY)

Neuere weißrussische Nummernschilder beginnen mit vier Zahlen. Danach folgen ein zweistelliger Buchstabenblock und eine Abschlussziffer. Letztere gibt die Region an, aus der das Fahrzeug stammt.

1	Region Brest	5	Region Minsk
2	Region Wizebsk	6	Region Mahiljou
3	Region Homel	7	Stadt Minsk (Hauptstadt)
4	Region Hrodna		

Zypern (CY)

Die Kennzeichen geben im griechischen Teil der Insel keinen Hinweis auf den genauen Herkunftsort eines Fahrzeugs. Sie bestehen aus drei Buchstaben und drei Ziffern, die fortlaufend vergeben werden.
Hauptstadt: Nikosia

Internationale Kfz-Kennzeichen

A	Österreich
AFG	Afghanistan
AG	Antigua und Barbuda
AL	Albanien
AND	Andorra
ANG	Angola
ARM	Armenien
ARU*	Aruba
AUS	Australien
AUT*	Palästinensische Autonomiegebiete/ Gazastreifen
AX	Åland
AXA	Anguilla
AZ	Aserbaidschan
B	Belgien
BD	Bangladesch
BDS	Barbados
BF	Burkina Faso
BG	Bulgarien
BHT	Bhutan
BIH	Bosnien und Herzegowina
BJ	Benin
BOL	Bolivien
BR	Brasilien
BRN	Bahrain
BRU	Brunei
BS	Bahamas
BW*	Botswana
BY	Weißrussland
BZ	Belize
C	Kuba
CAM	Kamerun
CDN	Kanada
CGO	Demokratische Republik Kongo
CH	Schweiz
CHN*	China (Volksrepublik)
CI	Elfenbeinküste
CL	Sri Lanka
CO	Kolumbien
COM	Komoren
CR	Costa Rica
CV	Kap Verde
CY	Zypern
CZ	Tschechien
D	Deutschland
DJI	Dschibuti
DK	Dänemark
DOM	Dominikanische Republik
DZ	Algerien
E	Spanien
EAK	Kenia
EAT	Tansania
EAU	Uganda
EC	Ecuador
ER	Eritrea
ES	El Salvador
EST	Estland
ET	Ägypten
ETH	Äthiopien
F	Frankreich

FIN	Finnland
FJI	Fidschi
FL	Liechtenstein
FO	Färöer
FSM	Mikronesien
G	Gabun
GB	Vereinigtes Königreich
GBA	Alderney
GBG	Guernsey
GBJ	Jersey
GBM	Isle of Man
GBZ	Gibraltar
GCA + GT	Guatemala
GE	Georgien
GH	Ghana
GQ*	Äquatorialguinea
GR	Griechenland
GUB	Guinea-Bissau
GUI	Guinea
GUY*	Guyana
H	Ungarn
HK	Hongkong
HN	Honduras
HR	Kroatien
I	Italien
IL	Israel
IND	Indien
IR	Iran
IRL	Irland
IRQ	Irak
IS	Island
J	Japan
JA	Jamaika
JOR	Jordanien
K	Kambodscha
KAN*	St. Kitts und Nevis
KIR	Kiribati
KN	Grönland
KP	Nordkorea
KS	Kirgisistan
KSA	Saudi-Arabien
KWT	Kuwait
KZ	Kasachstan
L	Luxemburg
LAO	Laos
LAR*	Libyen
LB*	Liberia
LS	Lesotho
LT	Litauen
LV	Lettland
M	Malta
MA	Marokko
MAL	Malaysia
MC	Monaco
MD	Moldawien
MEX	Mexiko
MGL	Mongolei
MH	Marshallinseln
MK	Mazedonien
MNE	Montenegro
MOC	Mosambik
MS	Mauritius
MV*	Malediven
MW	Malawi
MYA	Myanmar
N	Norwegen
NA	Niederländische Antillen
NAM	Namibia
NAU	Nauru
NCL	Neukaledonien

NEP*	Nepal
NGR	Nigeria
NI	Nordirland
NIC	Nicaragua
NL	Niederlande
NZ	Neuseeland
OM	Oman
P	Portugal
PA	Panama
PAL	Palau
PE	Peru
PK	Pakistan
PL	Polen
PNG*	Papua-Neuguinea
PRI	Puerto Rico
PY	Paraguay
Q	Katar
RA	Argentinien
RB	Botswana
RC	Republik China (Taiwan)
RCA	Zentralafrikanische Republik
RCB	Republik Kongo
RCH	Chile
RG	Guinea
RH	Haiti
RI	Indonesien
RIM	Mauretanien
RKS	Kosovo
RL	Libanon
RM	Madagaskar
RMM	Mali
RN	Niger
RO (RUM*)	Rumänien
ROK	Südkorea
ROU	Uruguay
RP	Philippinen
RS*	Bosnisch-Serbische Republik
RSM	San Marino
RT	Togo
RU	Burundi
RUS	Russland
RWA	Ruanda
S	Schweden
SD	Swasiland
SGP	Singapur
SK	Slowakei
SLO	Slowenien
SME	Suriname
S.M.O.M.*	Malteserorden
SN	Senegal
SO	Somalia
SOL	Salomonen
SRB	Serbien
SSD	Südsudan
STP	São Tomé und Príncipe
SUD*	Sudan
SY	Seychellen
SYR	Syrien
T	Thailand
TD	Tschad
TG*	Togo
TJ	Tadschikistan
TL	Osttimor
TM	Turkmenistan
TN	Tunesien
TON*	Tonga

TR	Türkei
TT	Trinidad und Tobago
TUV	Tuvalu
UA	Ukraine
UAE	Vereinigte Arabische Emirate
USA	Vereinigte Staaten von Amerika
UZ	Usbekistan
V	Vatikanstaat
VAN*	Vanuatu
VN	Vietnam
WAG	Gambia
WAL (SLE*)	Sierra Leone
WB*	Westjordanland
WD	Dominica
WG	Grenada
WL	St. Lucia
WS	Samoa
WSA*	Demokratische Arabische Republik Sahara
WV	St. Vincent und die Grenadinen
YEM	Jemen
YV	Venezuela
Z	Sambia
ZA	Südafrika
ZW	Simbabwe

*nicht-offizielle Abkürzung

Familien-Quiz

Welches Kennzeichen steht für Berlin?

1. Wie nennt man ein wichtiges kulturelles Zentrum Berlins?

A Museumsinsel

B Berliner Ensemble

C Kunstbunker Tumulka

D Stiftung Brandenburg

Welches Kennzeichen steht für Ulm?

2. Welcher berühmte Forscher wurde in Ulm geboren?

- **A** W.C. Röntgen
- **B** Otto Hahn
- **C** Robert Koch
- **D** A. Einstein

Welches Kennzeichen steht für Rostock?

3. An welchem 155 km langen Fluss, der in die Ostsee mündet, liegt die Hansestadt?

A Elbe

B Oder

C Warnow

D Inn

Welches Kennzeichen steht für Chemnitz?

4. **Wie lautete der Name der Stadt bis 1990?**

- **A** Karl-Marx-Stadt
- **B** Honecker-Stadt
- **C** Stalingrad
- **D** Bad Ulbricht

Welches Kennzeichen steht für Hameln?

5. In welchem Naturpark liegt Hameln?

A Lüneburger Heide

B Insel Mainau

C Bayerischer Wald

D Weserbergland

Welches Kennzeichen steht für Hamburg?

6. **Wie nennt man die mächtige Vereinigung, für die Hamburg eine Gründungsstätte war?**

- **A** Hanse
- **B** Opus Dei
- **C** Norddeutscher Bund
- **D** Deutscher Ritterbund

Welches Kennzeichen steht für Bad Soden?

7. **In welchem Bundesland liegt der Landkreis des gesuchten Kennzeichens?**

- **A** in Hessen
- **B** im Saarland
- **C** in Rheinland-Pfalz
- **D** in Bayern

Welches Kennzeichen steht für Baden-Baden?

8. Welcher architektonische Mittelpunkt der Stadt ist zugleich deren Wahrzeichen?

A die Kunsthalle

B das Friedrichsbad

C die Russische Kirche

D Kurhaus und Casino

Welches Kennzeichen steht für Koblenz?

9. Wie alt ist Koblenz?

A 500 Jahre

B 1000 Jahre

C 1400 Jahre

D 2000 Jahre

Welches Kennzeichen steht für Zwickau?

10. Welchen bekannten Beinamen trägt die viertgrößte Stadt Sachsens?

A Lutherstadt

B Robert-Schumann-Stadt

C Künstlerstadt

D Trabantenstadt

Welches Kennzeichen steht für Goslar?

11. **Welche touristische Attraktion Goslars gehört zum Weltkulturerbe der UNESCO?**

A die Kaiserpfalz

B das Schloss Pillnitz

C die Burg Elz

D Sanssouci

Welches Kennzeichen steht für Konstanz?

12. Welche berühmte Insel ist Teil der drittgrößten Stadt am Bodensee?

- **A** Reichenau
- **B** Mainau
- **C** Lindau
- **D** Halbinsel Höri

Welches Kennzeichen steht für Bonn?

13. Welche kulturelle Besonderheit birgt Bonn?

A die Wartburg

B die Museumsmeile

C die Porta Nigra

D die Kö

Welches Kennzeichen steht für Meiningen?

14. Welcher Bau prägt das Stadtbild?

A Bahnhof Meiningen

B Meininger Theater

C Schloss Elisabethenburg

D Landesbibliothek

Welches Kennzeichen steht für Wiesbaden?

15. An welchem Mittelgebirge liegt Wiesbaden?

A Spessart

B Taunus

C Eifel

D Rhön

Welches Kennzeichen steht für Stuttgart?

16. Was versteht man unter «Stuttgarter Stäffele»?

A Würste

B ein Biermaß

C einen Wein

D Treppen

Welches Kennzeichen steht für Bielefeld?

17. Wie viele Einwohner hat Bielefeld?

- **A** ca. 108.000
- **B** ca. 232.000
- **C** ca. 295.000
- **D** ca. 333.000

Welches Kennzeichen steht für Halle?

18. Was verhalf der Stadt einst zu großem Reichtum?

A Wolle

B Salz

C Wein

D Bernstein

Welches Kennzeichen steht für Flensburg?

19. An welches Land grenzt Flensburg?

A Niederlande

B Polen

C Dänemark

D Schweden

Welches Kennzeichen steht für Köln?

20. Welches Kölner Museum ist bei Kindern sehr beliebt?

A Rittermuseum

B Schokoladenmuseum

C Kunstmuseum

D Stadtmuseum

Welches Kennzeichen steht für Weimar?

21. Welchen Dichtern verdankt Weimar sein Kulturerbe?

- **A** Goethe und Schiller
- **B** Goethe und Heinrich von Kleist
- **C** Karl Kraus und Kurt Tucholsky
- **D** Martin Walser und Günter Grass

Welches Kennzeichen steht für Düsseldorf?

22. Welcher bedeutende deutsche Dichter und Journalist wurde in Düsseldorf geboren?

- **A** Kurt Tucholsky
- **B** Siegfried Lenz
- **C** Friedrich Nowottny
- **D** Heinrich Heine

Welches Kennzeichen steht für Saarbrücken?

23. Wem oder was verdankt Saarbrücken seinen Namen?

A den Orten Saar und Bruca

B den Kelten

C der geografischen Lage

D einer Brücke

Welches Kennzeichen steht für Münster?

24. Als was gilt die Stadt Münster?

- **A** Tor zum Spessart
- **B** Perle des Nordes
- **C** Fahrradhauptstadt
- **D** Kulturhauptstadt 2010

Welches Kennzeichen steht für Emden?

25. In welcher Region liegt die Stadt Emden?

A an der Müritz

B in Ostfriesland

C im Heideland

D in der Holsteinischen Schweiz

Welches Kennzeichen steht für Mainz?

26. Was erfand der Mainzer Johannes Gutenberg?

- **A** den Buchdruck
- **B** das Holzfass
- **C** das Automobil
- **D** die Dampfmaschine

Welches Kennzeichen steht für Cottbus?

27. **Welcher Architekt entwickelte das futuristische Aussehen der technischen Universität Cottbus?**

A Herzog & de Meuron

B Zaha Hadid

C Richard Meier

D Barkow Leibinger

Welches Kennzeichen steht für Bremen?

28. **Wie bezeichnen die Einheimischen den Marktplatz in Bremen?**

A warme Klause

B großes Zimmer

C gute Stube

D weiter Platz

Antworten

B :XY 123

1) **RICHTIGE ANTWORT: A**
Die Berliner Museumsinsel ist die nördliche Spitze der Spreeinsel im Zentrum Berlins. Historisch stellt sie den Ursprung der Berliner Museumslandschaft dar und ist mit ihren Museen heute nicht nur ein wichtiges touristisches Zentrum, sondern auch einer der bedeutendsten Museumskomplexe der Welt. Seit 1999 gehört die Museumsinsel dem Weltkulturerbe der UNESCO an.

UL :XY 123

2) **RICHTIGE ANTWORT: D**
Albert Einstein (1879-1955) war Physiker und seine Beiträge veränderten maßgeblich das physikalische Weltbild. Einsteins Hauptwerk ist die Relativitätstheorie, die das Verständnis von Raum und Zeit revolutionierte. Im November 1922 wurde ihm der Nobelpreis für Physik verliehen. Albert Einstein gilt als Inbegriff des Forschers und Genies. Er setzte sich jedoch auch außerhalb der naturwissenschaftlichen Fachwelt für Völkerverständigung und Frieden ein.

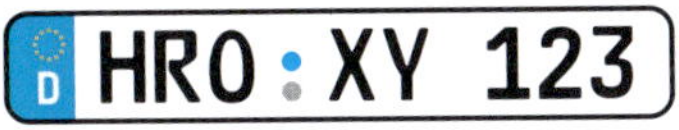

3) **RICHTIGE ANTWORT: C**

An der Warnow, die nach der Oder der wasserreichste Strom in Mecklenburg-Vorpommern ist und in die Ostsee mündet. Das Einzugsgebiet der Warnow umfasst 3324 km^2.

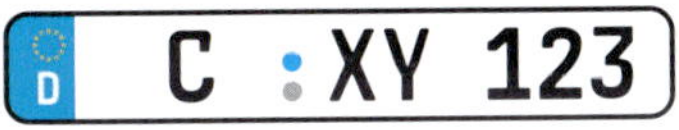

4) **RICHTIGE ANTWORT: A**

Das Karl-Marx-Monument ist eine über sieben Meter hohe und ca. 40 Tonnen schwere Plastik, die den Kopf von Karl Marx darstellt. Es ist das bekannteste Wahrzeichen der Stadt Chemnitz und befindet sich im Stadtzentrum. Bei diesem Denkmal handelt es sich um die größte Porträtbüste der Welt. Auf der hinter dem Monument gelegenen Wand sieht man den Schriftzug „Proletarier aller Länder vereinigt euch!“ aus dem Kommunistischen Manifest in den vier Sprachen Deutsch, Englisch, Französisch und Russisch.

HM : XY 123

5) **RICHTIGE ANTWORT: D**

Hameln ist eine Stadt in Niedersachsen. Die Stadt liegt südwestlich von Hannover und befindet sich im Zentrum des Naturparks Weserbergland. Das Weserbergland ist eine Mittelgebirgslandschaft beiderseits der Weser.

HH : XY 123

6) **RICHTIGE ANTWORT: A**

Hanse (althochdeutsch Hansa „Gruppe, Gefolge, Schar“) bezeichnet die zwischen Mitte des 12. Jahrhunderts und Mitte des 17. Jahrhunderts bestehenden Vereinigungen von Kaufleuten, deren Ziel die Vertretung gemeinsamer wirtschaftlicher Interessen, besonders im Ausland war. Die Hanse war nicht nur auf wirtschaftlichem, sondern auch auf politischem Gebiet ein mächtiger Faktor. Die Farben der Hanse (weiß und rot) finden sich auch heute noch in den Stadtwappen vieler Hansestädte.

MTK : XY 123

7) **RICHTIGE ANTWORT: A**

Der Main-Taunus-Kreis liegt in Hessen. Er ist der flächenmäßig kleinste Landkreis Deutschlands und liegt im Ballungsraum Frankfurt Rhein-Main. Größte Stadt des Kreises und Sitz der Kreisverwaltung ist Hofheim am Taunus.

BAD : XY 123

8) **RICHTIGE ANTWORT: D**

Baden-Baden gehört zu den am besten erhaltenen Kurorten Deutschlands. Das Kurhaus und das Casino mit seiner über 200-jährigen Geschichte sind als architektonische und gesellschaftliche Mittelpunkte Wahrzeichen der Stadt. Die Spielbank Baden-Baden zählt zu den schönsten Casinos weltweit und ist an nur 7 Tagen im Jahr aufgrund gesetzlicher Regelungen geschlossen.

KO : XY 123

9) **RICHTIGE ANTWORT: D**

Koblenz liegt in Rheinland-Pfalz und ist die drittgrößte Stadt dieses Bundeslandes. Koblenz gehört zu den ältesten Städten Deutschlands, 1992 feierte es sein 2000-jähriges Bestehen. Der ursprüngliche lateinische Name Confluentes (die Zusammenfließenden) leitete sich von der Lage der Stadt an der Mündung der Mosel in den Rhein am Deutschen Eck ab.

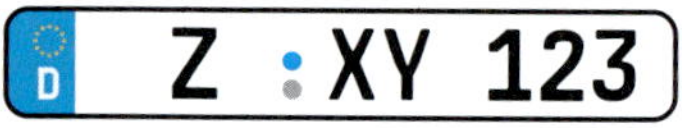

10) **RICHTIGE ANTWORT: B**
Zwickau wird auch „Robert-Schumann-Stadt" genannt. Der berühmte Komponist wurde 1810 in Zwickau geboren und starb am 29. Juli 1856 in Endenich bei Bonn. Im Zwickauer Robert-Schumann-Haus kann man viele persönliche Stücke aus dem Besitz der Familien Schumann und Wieck besichtigen.

11) **RICHTIGE ANTWORT: A**
Die Kaiserpfalz umfasst einen größeren Bezirk im Süden der Stadt Goslar. Das Kaiserhaus ist der größte, älteste und zugleich besterhaltene Profanbau des 11. Jahrhunderts in Deutschland. Seit 1992 gehört der Pfalzbezirk gemeinsam mit der Goslarer Altstadt zum Weltkulturerbe der

UNESCO. Die Kaiserpfalz zählt heute zu den herausragenden touristischen Attraktionen der gesamten Harzregion.

KN XY 123

12) **RICHTIGE ANTWORT: B**
Die Mainau ist mit etwa 45 Hektar Fläche die drittgrößte Insel im Bodensee. Sie ist vom Festland aus über eine Brücke zu erreichen. Die Insel gehört zum Stadtteil Litzelstetten-Mainau der Stadt Konstanz und befindet sich im Besitz der schwedischstämmigen Adelsfamilie Bernadotte. Durch das günstige Bodenseeklima bietet sie eine überaus reiche Vegetation und wird als Blumeninsel im Bodensee bezeichnet.

BN XY 123

13) **RICHTIGE ANTWORT: B**
Die Museumsmeile ist ein Ensemble von Museen in der Stadt. Der Begriff wurde Mitte der 1990er Jahre geprägt, als mit mehreren Museumsneubauten ein Ensemble entstand, das auf einer Länge von ca. 3 km fünf Museen umfasst. Die Museumsmeile beginnt im Norden mit dem zoologischen Museum Alexander Koenig. In ca. 500 Metern Entfernung

wird die Meile mit dem Haus der Geschichte und dann mit dem Kunstmuseum Bonn und der Bundeskunsthalle fortgesetzt. Den Abschluss bildet im Süden das Deutsche Museum Bonn.

14) **RICHTIGE ANTWORT: B**

Das Meininger Theater, eine der traditionsreichsten Bühnen des Landes, firmiert als Südthüringisches Staatstheater. Das Haus ist die Wiege des modernen Regietheaters. Ende des 19. Jahrhunderts hatte es als Meininger Hoftheater des Herzogtums Sachsen-Meiningen diese bahnbrechende Theaterreform in ganz Europa bekannt gemacht. Diese Tradition und weitere Blütezeiten ließen das Meininger Theater zu einer landesweit bedeutenden Bühne werden, die bis heute eine Sonderstellung in der Theaterwelt genießt. Nicht nur im Selbstverständnis der Meininger gilt die Stadt damit als „Theaterstadt“.

15) **RICHTIGE ANTWORT: B**

Wiesbaden liegt mit den südlichen Stadtteilen am rechten Ufer des Rheins gegenüber der rheinland-pfälzischen Landeshauptstadt Mainz. Im Norden erstreckt sich das Mittelgebirge Taunus. Der höchste Punkt des Stadtgebietes liegt mit 608 Metern in der Nähe des Gipfels der Hohen Wurzel auf dem Rheinhöhenweg.

16) **RICHTIGE ANTWORT: D**

Die „Stuttgarter Stäffele" sind die bekannten Treppenanlagen der Stadt. Es gibt mehr als 400 von ihnen, mit einer Gesamtlänge von über 20 Kilometer. Zumeist stammen sie noch aus der Zeit des Weinbaus in der Stadt bis Anfang des 19. Jahrhunderts. Treppen und Wege wurden damals angelegt, um die steilen Terrassen überhaupt bewirtschaften zu können. Später nutzte man die „Stäffele" als Fußwege zu den neu gebauten Wohngebieten.

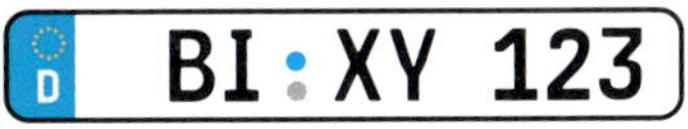

17) **RICHTIGE ANTWORT: D**

Bielefeld ist eine kreisfreie Stadt im Regierungsbezirk Detmold im Nordosten Nordrhein-Westfalens. Mit knapp 333.000 Einwohnern ist sie die größte Stadt der Region und deren wirtschaftliches Zentrum.

HAL : XY 123

18) **RICHTIGE ANTWORT: B**

Salzquellen, entstanden durch eine geologische Besonderheit, wurden auf dem Gebiet der Stadt Halle bereits in der Vorzeit genutzt. Neuere Ausgrabungen belegen die Bedeutung des Salzes für die Stadt. Die Gewinnung des wertvollen Minerals und der Handel mit ihm, verhalf der Geburtsstadt Georg Friedrich Händels zwischen dem 13. und 18. Jahrhundert zu großem Reichtum.

FL : XY 123

19) **RICHTIGE ANTWORT: C**

Als nördlichste Hafenstadt Deutschlands liegt Flensburg in Schleswig-Holstein an der deutsch-dänischen Grenze. Nach Westerland und der Nachbarstadt Glücksburg ist Flensburg die drittnördlichste Stadt in Deutschland. Flensburg liegt in wunderschöner Umgebung im inneren Teil der Flensburger Förde, einer Ausbuchtung der Ostsee, teils im Tal, teils auf umliegenden Höhen.

K : XY 123

20) **RCHTIGE ANTWORT: B**

Das Schokoladenmuseum wurde 1993 von dem damaligen Stollwerck-Chef Hans Imhoff eröffnet. In der Ausstellung wird die gesamte Geschichte der Schokolade bis zu den heutigen Produkten und ihren Herstellungsmethoden gezeigt. Das Museum zählt mit jährlich 4000 Führungen und 650.000 Besuchern zu den zehn Top-Museen Deutschlands. Eine besondere Attraktion ist der drei Meter hohe Schokoladenbrunnen.

WE : XY 123

21) **RICHTIGE ANTWORT: A**

Das Wirken der Dichter Goethe und Schiller in Weimar (im erweiterten Sinn mit Wieland und Herder) bezeichnet die Epoche der sogenannten „Weimarer Klassik". Das Ende dieser kulturgeschichtlichen Epoche wird mit dem Tod Schillers, im Jahr 1805 angesetzt.

D : XY 123

22) **RICHTIGE ANTWORT: D**

Heinrich Heine wurde mit dem Geburtsnamen „Harry“ 1797 in Düsseldorf geboren. Er gilt als einer der bedeutendsten deutschen Dichter und Journalisten des 19. Jahrhunderts. Mit ihm wurde die deutsche Sprache in eine nie zuvor gekannte elegante Leichtigkeit erhoben. Kaum ein anderer Dichter deutscher Sprache wurde bis heute so häufig übersetzt und vertont. Als kritischer, politisch engagierter Journalist, war Heine ebenso bewundert wie gefürchtet.

SB : XY 123

23) **RICHTIGE ANTWORT: B**

Der Name der Stadt hat nichts mit dem Wort Brücke zu tun. Zur Zeit der ersten Erwähnungen des Ortes, im Jahr 999, gab es dort keine Saarbrücke. Der älteste überlieferte Name „Sarabriga“ ist aus dem Keltischen herzuleiten. Sara bedeutet „fließendes Gewässer“, Briga wird übersetzt als Felsen, großer Stein. Gemeint ist damit wohl der große Felsen, auf dem die erste Burganlage errichtet wurde. Insofern lautete der Name der ersten Siedlung an dieser Stelle sinngemäß „Saarfels“.

MS : XY 123

24) **RICHTIGE ANTWORT: C**

Aufgrund der vielen Vorteile, die die Radler im Verkehr genießen, gewann die Stadt bereits mehrmals den Fahrradklimatest des Allgemeinen Deutschen Fahrrad Clubs (ADFC), weshalb Münster als Fahrradhauptstadt Deutschlands gilt. Das Radwegenetz innerhalb der Stadt erstreckt sich auf eine Gesamtlänge von über 300 km.

EMD : XY 123

25) **RICHTIGE ANTWORT: B**

Ostfriesland liegt an der Nordseeküste und umfasst Festland wie auch die Ostfriesischen Inseln. Deiche schützen das Land vor den Fluten der Nordsee. Bekannt ist Ostfriesland auch für seinen Tee. Der Teekonsum pro Kopf ist jährlich etwa zehnmal höher als im restlichen Deutschland.

MZ : XY 123

26) **RICHTIGE ANTWORT: A**

Johannes Gutenberg (um 1400-1468), gilt als Erfinder des Buchdrucks mit beweglichen Metall-

Lettern. Diese Technik löste in Europa eine Medienrevolution aus. Gutenbergs Buchdruck breitete sich schnell in der ganzen Welt aus. Insbesondere sein Hauptwerk, die Gutenberg-Bibel, war von großer Bedeutung, sie machte die Bibel allgemein zugänglich. Sein besonderer Verdienst liegt darin, erstmals die industrielle Massenproduktion von Büchern ermöglicht zu haben. 1997 wurde Gutenbergs Buchdruck vom US-Magazin Time Life zur bedeutendsten Erfindung des zweiten Jahrtausends gewählt.

27) **RICHTIGE ANTWORT: A**

Herzog & de Meuron ist ein von den Architekten Jacques Herzog und Pierre de Meuron gegründetes Schweizer Architekturbüro mit Hauptsitz in Basel. International bekannt wurde es durch den Umbau der Außenraumgestaltung Londons berühmter Tate Gallery of Modern Art. Neben der technischen Universität Cottbus gestaltete das Architektenduo prominente Gebäude wie die Elbphilharmonie in der HafenCity Hamburgs, die Allianz Arena in München oder das VitraHaus in Weil am Rhein.

28) **RICHTIGE ANTWORT: C**

Der von den Einheimischen als „gute Stube“ bezeichnete Marktplatz von Bremen liegt mitten im Zentrum der Hansestadt. Das Gebäudeensemble rund um den Platz gilt heute mit dem Rathaus, dem Bremer Dom und dem Haus der Bürgerschaft als eines der schönsten in ganz Deutschland und wurde 2004 in Teilen in die Liste des UNESCO-Weltkulturerbes aufgenommen.

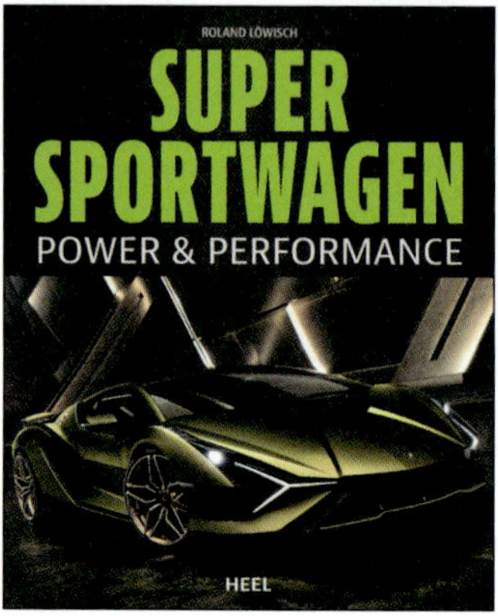

224 Seiten, 220 x 275 mm, Hardcover
ISBN 978-3-95843-994-8 € 14,99

256 Seiten, 220 x 275 mm, Hardcover
ISBN 978-3-86852-634-9 € 14,99

256 Seiten, 220 x 275 mm, Hardcover
ISBN 978-3-96664-147-0 € 14,99

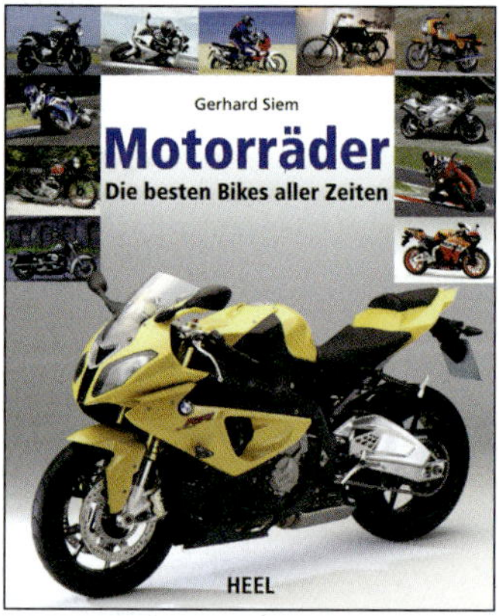

224 Seiten, 220 x 275 mm, Hardcover
ISBN 978-3-86852-704-9 € 14,99

Unsere Bücher erhalten Sie in Ihrer Buchhandlung